SERVIÇO SOCIAL, FORMAÇÃO E TRABALHO PROFISSIONAL NO ESTADO DO PARANÁ

DESAFIOS NA AGENDA CONTEMPORÂNEA

CB015165

Editora Appris Ltda.
1.ª Edição - Copyright© 2024 dos autores
Direitos de Edição Reservados à Editora Appris Ltda.

Nenhuma parte desta obra poderá ser utilizada indevidamente, sem estar de acordo com a Lei nº 9.610/98. Se incorreções forem encontradas, serão de exclusiva responsabilidade de seus organizadores. Foi realizado o Depósito Legal na Fundação Biblioteca Nacional, de acordo com as Leis nos 10.994, de 14/12/2004, e 12.192, de 14/01/2010.

Catalogação na Fonte
Elaborado por: Josefina A. S. Guedes
Bibliotecária CRB 9/870

C824s
2024

Serviço social, formação e trabalho profissional no Estado do Paraná: desafios na agenda contemporânea / André Henrique Mello Correa ... [et al.]. – 1. ed. – Curitiba: Appris, 2024.
207 p. ; 23 cm. – (Ciências sociais. Seção serviço social).

Inclui referências.
ISBN 978-65-250-4837-6

1. Serviço social. 2. Formação profissional. 3. Programas de estágio. 4. Educação. I. Correa, André Henrique Mello. II. Título. III. Série.

CDD – 361

CRESS PR
Conselho Regional de Serviço Social - 11ª Região

Editora e Livraria Appris Ltda.
Av. Manoel Ribas, 2265 – Mercês
Curitiba/PR – CEP: 80810-002
Tel. (41) 3156 - 4731
www.editoraappris.com.br

Printed in Brazil
Impresso no Brasil

Realização
Conselho Regional de Serviço Social do Paraná

Organizadores
André Henrique Mello Correa
Ana Luíza Tavares Bruinjé
José Lucas Januário de Menezes
Kathiuscia Aparecida Freitas Pereira Coelho
Marcelo Nascimento de Oliveira

SERVIÇO SOCIAL, FORMAÇÃO E TRABALHO PROFISSIONAL NO ESTADO DO PARANÁ

DESAFIOS NA AGENDA CONTEMPORÂNEA

FICHA TÉCNICA

EDITORIAL Augusto Coelho
Sara C. de Andrade Coelho

COMITÊ EDITORIAL Marli Caetano
Andréa Barbosa Gouveia - UFPR
Edmeire C. Pereira - UFPR
Iraneide da Silva - UFC
Jacques de Lima Ferreira - UP

SUPERVISOR DA PRODUÇÃO Renata Cristina Lopes Miccelli

PRODUÇÃO EDITORIAL Miriam Gomes

REVISÃO Bruna Fernanda Martins

DIAGRAMAÇÃO Jhonny Alves dos Reis

CAPA Eneo Lage

REVISÃO DE PROVA Renata Cristina Lopes Miccelli

REALIZAÇÃO Conselho Regional de Serviço Social do Paraná

COMITÊ CIENTÍFICO DA COLEÇÃO CIÊNCIAS SOCIAIS

DIREÇÃO CIENTÍFICA Fabiano Santos (UERJ-IESP)

CONSULTORES Alícia Ferreira Gonçalves (UFPB)
Artur Perrusi (UFPB)
Carlos Xavier de Azevedo Netto (UFPB)
Charles Pessanha (UFRJ)
Flávio Munhoz Sofiati (UFG)
Elisandro Pires Frigo (UFPR-Palotina)
Gabriel Augusto Miranda Setti (UnB)
Helcimara de Souza Telles (UFMG)
Iraneide Soares da Silva (UFC-UFPI)
João Feres Junior (Uerj)
Jordão Horta Nunes (UFG)
José Henrique Artigas de Godoy (UFPB)
Josilene Pinheiro Mariz (UFCG)
Leticia Andrade (UEMS)
Luiz Gonzaga Teixeira (USP)
Marcelo Almeida Peloggio (UFC)
Maurício Novaes Souza (IF Sudeste-MG)
Michelle Sato Frigo (UFPR-Palotina)
Revalino Freitas (UFG)
Simone Wolff (UEL)

AGRADECIMENTOS

A toda a categoria de assistentes sociais, em seus múltiplos espaços de atuação no campo do trabalho e da formação profissional, nosso agradecimento, principalmente àquelas que tornaram possível a materialização deste trabalho coletivo. À Executiva Nacional de Estudantes de Serviço Social (ENESSO), ao Conselho Federal de Serviço Social (CFESS), à Associação Brasileira de Ensino e Pesquisa em Serviço Social (ABEPSS) e, especialmente, ao Conselho Regional de Serviço Social do Paraná (CRESS/PR), pelas contribuições, parcerias, articulações e possibilidades que viabilizaram este projeto. Por fim, agradecemos e dedicamos esta obra às assistentes sociais que perderam a vida devido ao negacionismo propagado pelo Governo Federal durante a pandemia da Covid-19.

PREFÁCIO

Um tempo de pandemia. Sem dúvidas uma cena cruel da realidade contemporânea se revela até para os que se recusam a ver: a acumulação capitalista se sobrepõe à igualdade do direito à vida. No cenário nacional, a particularidade dessa realidade se expressa, entre outros aspectos: no desmatamento da Amazônia; no massacre aos povos originários e aos que os defendem; no discurso da contenção da crise econômica seguido de cortes orçamentários que paralisam políticas públicas necessárias à defesa de direitos à classe que vive do trabalho; na reedição da precarização do trabalho sob reformas que aviltam trabalhadoras e trabalhadores; no constante ataque à educação e à ciência; na apologia ao negacionismo; na criminalização da pobreza e no aprofundamento da opressão aos que historicamente, no país, são alijados de direitos fundamentais.

Eis, portanto, um cenário que repõe a necessidade de articulação política e mobilização para reconstrução da democracia e continuidade da luta por outra forma de sociabilidade. E repõe, na nossa agenda de assistentes sociais, os constantes debates e construções de estratégias coletivas para a defesa dos princípios éticos que devem orientar nossas ações nos diversos espaços sócio-ocupacionais que ocupamos. Um dos eixos centrais para tal defesa é o horizonte teleológico em que nossas ações se projetam para além da funcionalidade de nossa profissão às respostas empíricas e emergentes que se restringem às demandas imediatas, cotidianamente, apresentadas por usuárias e usuários das políticas públicas ou institucionais que contratam os nossos serviços. Vivemos, no período pandêmico, a forte tendência a naturalizar essa funcionalidade; haja vista que nesse período vivemos o crescimento das expressões da questão social, sobretudo, as que aparecem sob a forma de demandas por direitos negados em relação à seguridade social. E a esse movimento se acentua a precarização da formação profissional frente a fatores como o ensino emergencial a distância.

É nessa direção que as entidades de nossa categoria se voltam, entre outras frentes de luta, à necessária defesa da intrínseca relação entre formação e trabalho profissional, com vistas a assegurar, no período pandêmico, construções históricas da categoria sobre essa relação na direção do Projeto Ético Político do Serviço Social. É necessário socializar ações que derivam dessa defesa, e esta coletânea busca traduzir, dentre essas ações, as particulares que foram construídas no estado do Paraná.

A coletânea de textos que é, então, oferecida às leitoras e aos leitores é expressão do esforço coletivo de autoras e autores que estão ou que estiveram nos últimos três anos inseridos, de diferentes formas, nas entidades de organização política da categoria profissional das/dos assistentes sociais e nas entidades de organização política das/dos estudantes de Serviço Social: ABEPSS; CFESS-CRESS e ENESSO. Entre as autoras estão, também, agentes fiscais do CRESS-PR e membras dos Conselhos de Orientação e Fiscalização do CRESS-PR, autoras que foram parte da direção de NUCRESS do estado do PR e autoras que fazem parte dos GTPs da ABEPSS.

Peço licença às leitoras e aos leitores para antecipar, de forma muito breve, alguns percursos desta obra. Sem me preocupar com a ordem da disposição dos artigos que compõem a coletânea, convido a todas e todos para o mergulho na luta coletiva pela construção de um dever ser avesso ao que nos é imposto pela sociabilidade burguesa. Um dever ser em que nos reconheçamos como sujeitos capazes de ampliar possibilidades teleológicas no engajamento político por uma causa: o enfrentamento de formas diversas de estranhamentos que não nos permitem o reconhecimento da grandiosidade de sermos parte do gênero humano.

Uma forma de reconhecermo-nos como parte de um mesmo gênero é a que se revela no protagonismo de militantes de uma necessária luta e no necessário engajamento da luta antirracista, antipatriarcal e anticapitalista. É nessa direção que um dos artigos desta coletânea nos apresenta reflexões de autoras e autores que nos revelam, de diferentes formas, as faces perversas das opressões vivenciadas e denunciadas pelas mulheres negras e homens negros e pelos povos originários. E a autora do artigo nos deixa um apelo: "Precisamos aquilombar as nossas vidas, relações, universidades e até mesmo o Serviço Social".

Dentre as formas de afirmação das lutas coletivas necessárias ao enfrentamento dos processos de estranhamentos que nos assolam está a que construímos nas organizações políticas da nossa categoria profissional em defesa da profissão. E, nessa direção, dois artigos tratam de trajetórias das organizações políticas das/dos assistentes sociais no estado do Paraná. Um, dentre esses artigos, dedica-se a sinalizar aspectos dessa trajetória em relação ao Movimento Estudantil de Serviço Social no Estado do Paraná, com ênfase nos desafios e estratégias desse movimento para reafirmar a inserção e o protagonismo das/dos estudantes na luta antirracista, feminista, anticapacitista e antiLGBTfóbico. Esse artigo aponta, também, marcos dos debates das/dos estudantes de serviço social no estado do Paraná, com destaque para síntese desses debates nos Encontros Locais de Estudantes deste estado nos anos de 2009 a 2019. O outro artigo evidencia percursos históricos da Organização política e sindical das/dos assistentes sociais, interpretando-as, a partir de Ramos (2005[1]), como fundamentais para "projetar coletivamente caminhos estratégicos para a profissão". Por um lado, as autoras situam esses percursos na trajetória de institucionalização das Escolas de Serviço Social no estado do Paraná, e particularmente na região de Londrina. Por outro, evidenciam trajetórias do SINDASP, na articulação com a organização sindical vivenciada a nível nacional, que tem suas atividades encerradas no ano de 1994, em conformidade com a lógica vivenciada pela categoria profissional em relação a tal forma de organização política.

Outros cinco artigos voltam-se, diretamente, ao necessário debate da relação entre formação em Serviço Social e trabalho da/do assistente social, em nível de graduação e pós-graduação, no contexto pandêmico. São artigos que apresentam aspectos da conjuntura política e econômica do Brasil, nesse período conturbado, e partilham as ações políticas e estratégicas para a defesa da formação e do trabalho da/do assistente social, vinculadas e construídas pelas entidades da categoria no estado do Paraná (CRESS-PR, ABEPSS Sul 1 e ENESSO região VI). Com um desses artigos, mergulhamos na força das/dos estudantes de Serviço Social ao lançarem-se em campanhas para denunciar e enfrentar dificuldades vivenciadas por essas/esses estudantes durante a pandemia e, além disso, reafirmar o engajamento na luta antirracista da entidade e evidenciar as particularidades das ações protagonizadas na executiva da região. Com outro artigo, escrito por representantes do CRESS-PR, gestão "Unidade na Resistência, Ousadia na Luta" (2020-2023), temos a oportunidade de conhecer a particularidade político-administrativa da entidade, como uma autarquia pública, e os desafios vivenciados no contexto pandêmico para a fiscalização e defesa da profissão. Dentre esses desafios, as autoras elegem, para o artigo, evidenciar os que se particularizam nas demandas postas à Comissão de Trabalho e Formação Profissional e à Comissão de Orientação e Fiscalização. Frentes a esses desafios, socializam no artigo uma série de ações construídas em parceria com a ABEPSS e a ENESSO. São ações estratégias nas seguintes frentes: defesa da formação profissional e articulação do fórum de Estágio

[1] RAMOS, Sâmya Rodrigues. A mediação da organização política na (re)construção do projeto profissional: o protagonismo do Conselho Federal de Serviço Social. 2005. *Tese* (Doutorado). em Serviço Social – Programa de Pós-Graduação em Serviço Social, Universidade Federal de Pernambuco, Recife, 2005.

em Serviço; fomento ao debate étnico-racial na formação profissional; debates e encaminhamentos possíveis frente à residência técnica e à residência multiprofissional em Serviço Social; orientação e fortalecimento do trabalho profissional no contexto pandêmico. As autoras explicam que foi necessário para esse fortalecimento, entre outras ações, a formação das/dos assistentes sociais para trabalho com os povos originários do estado do Paraná. Outro artigo, o escrito por representantes da direção da região Sul I da ABEPSS, gestão "Aqui se respira luta" (2020 a 2022), situa marcos da trajetória histórica da entidade como organização coletiva da categoria profissional, bem como sua finalidade e sua estrutura organizacional, e reflete sobre o posicionamento político e as ações que dele derivam no que tange à luta pela defesa da formação em Serviço Social defendida pela entidade, no cenário pandêmico que trouxe, entre os inúmeros desafios, o Ensino Remoto Emergencial, que exigiu, em nível de graduação, um posicionamento firme da entidade para a defesa do estágio obrigatório em Serviço Social na direção político-pedagógica defendida pela entidade. Outros grandes desafios foram a curricularização da extensão; as residências multiprofissionais e os estágios em pós-graduação que se evidenciam como particularidades do estado do Paraná. São, contudo, ações que não coibiram as que são realizadas ao longo dos últimos anos pela entidade, tais como: as Oficinas Regionais e Nacionais, a realização do ABEPSS itinerante, em sua 6.ª edição; e o ENPESS, que foi possível ser realizado de forma híbrida.

Outros dois, também escritos por representantes das entidades (ABEPSS, CRESS, ENESSO) e protagonistas das UFAS do estado do Paraná, bem como agentes fiscais do CRESS-PR, versam sobre o estágio: um deles dedica-se à análise do estágio supervisionado em Serviço Social durante a pandemia diante do cenário pandêmico que, ao alterar, significativamente, aspectos pedagógicos da formação profissional, incide, também, na relação entre estágio supervisionado e a supervisão direta de forma a exigir novas formas de garanti-la, dentro das condições possíveis frente ao isolamento social. Tais incidências evidenciam o que as autoras denominam de "antigos dilemas", tal como a compreensão do estágio não obrigatório como trabalho e dificuldades dos avanços e conquistas no campo do estágio em Serviço Social expressas na resolução CFESS/533. São fatos que exigiram debates, construídos sob a forma de diversas "rodas de conversas", em ambientes virtuais, mas com envolvimento de todos os sujeitos comprometidos na realização do estágio: discentes, supervisores de campo, supervisores acadêmicos e coordenadores de cursos de graduação em Serviço Social, realizadas em todo o estado do Paraná. São debates que resultaram na construção de estratégias possíveis para a defesa do estágio obrigatório como um dos aspectos fundamentais na formação profissional da/do assistente social. Na mesma direção, o outro artigo versa sobre a experiência do fórum de supervisão de estágio em Serviço Social do Paraná, com ênfase na análise das estratégias coletivas, também, em defesa da formação e do trabalho profissional no período pandêmico.

E, finalmente, na perspectiva de partilhar esforços realizados para a garantia da consolidação da pós-graduação na área do Serviço Social, num cenário ideopolítico de constantes ataques à produção do conhecimento nas áreas das ciências sociais aplicadas, sobretudo no contexto pandêmico, um último artigo busca evidenciar os esforços dos dois Programas de Pós-Graduação na área de Serviço Social no estado do Paraná – Programa de Pós-Graduação em Serviço Social e Política Social da Universidade Estadual de Londrina e Programa de Pós-Graduação em Serviço Social da Unioeste, Campus Toledo –, com vistas a evidenciar, sobretudo, a importância dos programas na qualificação de recursos humanos na área do Serviço Social; as ações de impactos sociais de ambos os programas, bem como a contribuição dos programas na produção de conhecimento nessa área.

Eis, então, um convite a todas e todos: vamos conhecer um pouco do que fizemos, nossos esforços coletivos, nossas dificuldades, nossos avanços e nossos constantes desafios. Com a força coletiva podemos reconstruir estratégias e reafirmar possibilidades, haja vista que se a realidade nos impõe limites, também nos leva a entender que somos parte do que aparece como construção alheia à nossa vontade. E a história se escreve: sem negacionismo, sem ecos idealistas que nos distanciam das faces cruéis da realidade contemporânea a serem enfrentadas sob o esforço coletivo que amplia possibilidades de um "amanhã desejado".

Londrina, maio de 2023

Olegna Guedes
Professora da graduação e pós-graduação em Serviço Social
da Universidade Estadual de Londrina
Presidenta do CRESS Paraná 2023-2026

LISTA DE SIGLAS

ABAS/PR – Associação Brasileira de Assistente Social – Seção Paraná
ABEPSS – Associação Brasileira de Ensino e Pesquisa em Serviço Social
APAS – Associação Profissional de Assistente Social
ANEL – Assembleia Nacional de Estudantes Livres
ALAEITS – Seminário Latino-Americano e do Caribe de Escolas de Serviço Social
CAPES – Coordenação de Aperfeiçoamento de Pessoal de Nível Superior
CBCISS Centro Brasileiro de Cooperação e Intercâmbio de Serviço Social
CBAS – Congresso Brasileiro de Assistentes Sociais
CAOP – Centro de Apoio Operacional
CENEAS – Comissão Executiva Nacional de Entidades Sindicais de Assistentes Sociais
CFAS – Conselho Federal de Assistentes Sociais
CEDEPSS – Centro de Documentação e Pesquisa em Políticas Sociais e Serviço Social
CFESS – Conselho Federal de Serviço Social
CT – Câmara Temática
CUT – Central Única dos Trabalhadores
CNPQ – Conselho Nacional de Desenvolvimento Científico e Tecnológico
COFI – Comissão de Fiscalização e Orientação
CORESS – Conselho Regional de Entidades Estudantis de Serviço Social
CONCUT – Congresso Nacional da Central Única dos Trabalhadores
CONESS – Conselho Nacional de Entidades Estudantis de Serviço Social
CRESS/PR – Conselho Regional de Serviço Social do Paraná
EAD – Ensino a Distância
ELESS – Encontro Local de Estudantes de Serviço Social
ENESS – Encontro Nacional de Estudantes de Serviço Social
ENESSO – Executiva Nacional de Estudantes de Serviço Social
ERE – Ensino Remoto Emergencial

ERESS –	Encontro Regional de Estudantes de Serviço Social
ESSPA –	Escola de Serviço Social de Porto Alegre
FIES –	Fundo de Financiamento ao Estudante do Ensino Superior
GEASL –	Grupo de Estudo de Assistente Social de Londrina
GESOL –	Grupo de Estudo de Serviço Social Organizacional de Londrina
GESSE –	Grupo de Estudo de Serviço Social de Empresa
GTP –	Grupo de Trabalho e Pesquisa
GTS –	Grupos de Trabalho
GRASS –	Grupo de Assistentes Sociais da Área da Saúde de Londrina
IES –	Instituição de Ensino Superior
ISESPA –	Instituto de Serviço Social do Paraná
LGBTQIAPN+ –	Lésbicas, Gays, Bissexuais, Transgêneros/Transexuais/Travestis, Queers, Intersexo, Assexuais, Pansexuais, Não Bináries
MEC –	Ministério da Educação
MESS –	Movimento Estudantil de Serviço Social
MCTIC –	Ministério da Ciência, Tecnologia, Inovações e Comunicações
MPTS –	Ministério do Trabalho e Previdência Social
NUCRESS –	Núcleos de Base do CRESS
OMS –	Organização Mundial de Saúde
PIBIC –	Programa Institucional de Bolsas de Iniciação Científica
PNE –	Política Nacional de Estágio
PPG –	Programa de Pós-Graduação
PROUNI –	Programa Universidade Para Todos
REUNI –	Programa de Apoio a Planos de Reestruturação e Expansão das Universidades Federais
SESB –	Secretaria de Estado da Saúde e do Bem-Estar Social
SESSUNE –	Subsecretaria de Estudantes de Serviço Social na União Nacional dos Estudantes
SINDASP –	Sindicato dos Assistentes Sociais do Paraná
TICS –	Tecnologias da Informação e da Comunicação
UFAS –	Unidade de Formação Acadêmica
UNE –	União Nacional de Estudantes

SUMÁRIO

INTRODUÇÃO

[...] Este é o nosso ofício,
Este é o nosso vício.
Cego enlouquecido,
visão por trevas tomada
insiste em apontar estrelas
mesmo em noite nubladas.
(Mauro Iasi)

A coletânea apresentada é fruto de trabalho coletivo de trabalhadores(as), assistentes sociais do Paraná que atuam em diversos âmbitos da profissão, seja enquanto docentes, profissionais de campo ou discentes de pós-graduação. No mesmo sentido, foi um processo articulado entre as entidades da categoria, com representações da Associação Brasileira de Ensino e Pesquisa em Serviço Social (ABEPSS), do Conselho Regional de Serviço Social do Paraná (CRESS/PR) e da Executiva Nacional de Estudantes de Serviço Social (ENESSO/RVI).

Tem como objetivo a provocação de reflexões no campo do trabalho e da formação em Serviço Social, tendo em vista os desafios e possibilidades colocados na agenda profissional a partir dos rebatimentos da pandemia da Covid-19, os quais estão inseridos, necessariamente, no processo de crise mundial do capital, da precarização do trabalho e das políticas públicas e sociais. E, ainda, busca vislumbrar as mediações próprias da realidade da formação do capitalismo no Brasil, atravessado estruturalmente pelo racismo.

Após um longo e profícuo debate coletivo, com destaques para as temáticas que atravessam a discussão acerca do trabalho e da formação em Serviço Social na particularidade do Paraná, foi acionada uma gama de assistentes sociais que constroem conhecimento nessas áreas a fim de estruturar um material que atendesse à demanda de desvelar alguns dos desafios e possibilidades do cotidiano de trabalho e da formação profissional. A esses(as) sujeitos(as), por atenderem prontamente ao chamado e constituírem no horizonte a materialização desta coletânea, nosso sincero apreço e mais elevado agradecimento.

Os artigos que seguem à leitura de assistentes sociais, discentes da área e demais interessadas(os) estão organizados em duas sessões. A primeira –

Entidades da categoria: avanços e desafios no âmbito da formação e trabalho profissional – trata-se de um balanço realizado pelas entidades representativas da categoria, particularmente à atuação destas no Paraná, expressando os desafios inaugurados com o exercício de atividades próprias de cada uma na conjuntura pandêmica; e, ainda, àqueles desafios que foram intensificados, no campo do trabalho e da formação em Serviço Social, com o avanço do neoliberalismo de direcionamento conservador reacionário da gestão de Jair Bolsonaro (2018-2022). Dessa primeira sessão, destacamos as estratégias e táticas formuladas coletivamente pela categoria profissional por meio de suas entidades, com destaque à participação de profissionais e estudantes mediante o Fórum de Estágio, o Fórum em defesa da formação e trabalho com qualidade em Serviço Social, Campanhas Nacionais e demais espaços coletivos de debates e encaminhamentos deliberativos.

A segunda sessão – *Serviço Social: formação e trabalho profissional* – foi organizada de maneira a apresentar um debate acerca de algumas questões particulares no campo da produção teórica sobre trabalho e formação no Serviço Social, contando com seis artigos, tendo como autoras e autores docentes, profissionais de campo, discentes de graduação e pós-graduação. Articulam, dessa forma, problematizações e debates acerca do movimento e organização política de assistentes sociais no Paraná, da trajetória do Movimento Estudantil de Serviço Social (MESS) no estado e seus principais desafios contemporâneos, da análise do movimento de mulheres nas lutas anticapitalista, antirracista e antipatriarcal a partir da práxis da interseccionalidade. E, ainda, trata dos desafios e das construções coletivas no âmbito do Estágio Supervisionado e da pós-graduação no estado.

Em tempos de acirramento da precarização do trabalho e da formação profissional, a coletânea reflete ainda a trajetória sócio-histórica da organização política da categoria no estado do Paraná, como uma importante estratégia na defesa do Projeto Ético-Político do Serviço Social nesse terreno. Estratégia essa basilar no contexto pandêmico, mas que não se faz datada, ao contrário, mostra-se fundamental na luta pela concepção de trabalho e formação construída pelo Serviço Social brasileiro nos últimos 40 anos.

Por fim, valendo-nos da célebre poesia do poeta amazonense Thiago de Mello (1926-2022), esta obra, fruto de empreitada coletiva, é para o tempo presente, mas também para os tempos e gerações que virão. Na certeza que "é tempo de avançar de mão dada com quem vai no mesmo rumo...", agradecemos a todas(os/es) nesse caminhar. Boa leitura!

Paraná, outono de 2023

André Henrique Mello Correa

Ana Luíza Tavares Bruinjé

José Lucas Januário de Menezes

Kathiuscia Aparecida Freitas Pereira Coelho

Marcelo Nascimento de Oliveira

PARTE I

ENTIDADES DA CATEGORIA: AVANÇOS E DESAFIOS NO ÂMBITO DA FORMAÇÃO E TRABALHO PROFISSIONAL

CAPÍTULO 1

ENESSO RVI NO CONTEXTO DE PANDEMIA: NA LUTA A GENTE SE ENCONTRA!

Layliene Kawane de Souza Dias

Luana Portela

Vitoria Cristine

Se muito vale o já feito, mais vale o que será
Mais vale o que será
E o que foi feito é preciso conhecer para melhor prosseguir
Falo assim sem tristeza, falo por acreditar
Que é cobrando o que fomos que nós iremos crescer.
(Milton Nascimento)[2]

INTRODUÇÃO

Em 11 de março de 2020 a Organização Mundial de Saúde (OMS) declarou pandemia do novo Coronavírus (SARS-CoV-2) e o Brasil entrou em quarentena: escolas, universidades, serviços públicos e demais estabelecimentos foram fechados. Tivemos mudanças em toda a estrutura da sociedade, ninguém estava imune ao vírus e suas consequências, seja no âmbito social, econômico, educacional, entre outros. Todos foram afetados e estavam à sua mercê, ainda assim, alguns mais do que outros.

Se de um lado tínhamos orientações da OMS indicando o isolamento social, de outro contávamos com o fomento de discursos neoliberais a respeito da economia brasileira, em que a grande preocupação era: "O Brasil não pode parar![3]". E como poderia se boa parte da classe trabalhadora não possuía condições de aderir ao isolamento social? A população pobre, periférica, e sobretudo pessoas negras não tiveram escolha senão colocar suas vidas em risco para garantir sua sobrevivência material e de suas famílias.

---

[2] NASCIMENTO, Milton. *O que foi feito deverá*, 1978.

[3] Campanha Governamental disponível em: https://www.youtube.com/watch?v=hQQZE7LQIGk. Acesso em: 1 mar. 2023.

Nesse contexto temos a precarização do trabalho, aumento do desemprego e a agudização das demais expressões da questão social, resultante dos conflitos entre capital e trabalho. O capitalismo seguiu não poupando ninguém e priorizando o lucro acima de tudo e todos, inclusive da vida.

Enquanto os números de infectados e óbitos continuavam a crescer diariamente, discursos minimizando o efeito e gravidade da pandemia eram proferidos pelo então presidente do país, Jair Messias Bolsonaro. Porta-voz do negacionismo e defensor do fim das medidas de segurança e isolamento social, o presidente e seus aliados foram grandes empecilhos na luta contra a Covid-19.

> O governo brasileiro, com suas feições fascistas e irracionalistas, vem lidando com a pandemia de maneira extremamente isolada das articulações construídas mundialmente para conter a doença e amenizar seus efeitos mais extremos. Como forma de atenuar as tensões e legitimar a continuidade do sistema, medidas distributivas orientadas e conduzidas por representantes do grande capital estão sendo implementadas em diversos países capitalistas, tanto no centro como na periferia. No Brasil, entretanto, encontram no governo federal brasileiro imensa resistência[4].

A educação, que mesmo antes da pandemia já era alvo constante de ataques do governo em questão, não ficou ilesa frente a essa conjuntura. Ao contrário, durante esse período a ofensiva neoliberal se intensificou, temos o avanço da lógica mercadológica junto às instituições de ensino, cortes orçamentários das IES[5] públicas, ataques ostensivos e descredibilização das universidades públicas, da ciência e pesquisas desenvolvidas por estas.

Dessa forma, fez-se necessária a articulação da Executiva Nacional de Estudantes de Serviço Social (ENESSO) no período de pandemia em busca da defesa da educação pública, das estudantes de Serviço Social e de uma Formação Profissional crítica e de qualidade.

Dito isso, o presente capítulo tem como intuito apresentar a articulação da Executiva durante o período de 2020 a 2022, sobretudo a partir das ações da ENESSO Região VI, composta pelos estados do Paraná, Santa Catarina e Rio Grande do Sul. O conjunto histórico aqui apresentado foi,

---

[4] IRINEU, Bruna Andrade *et al.* Editorial Revista Temporalis. Crise do Capital e Pandemia: impactos na formação e no exercício profissional em Serviço Social. *Temporalis*, [*S.l.*], v. 21, n. 41, p. 7-18, 2021, p. 10.

[5] Instituições de Ensino Superior.

e ainda é, escrito e composto por diferentes sujeitos políticos e sociais que compuseram o quadro de militantes da ENESSO nesse contexto, por meio de cargos e também de maneira orgânica.

1 Resistir para existir: breve contextualização da ENESSO Pré-Pandemia

O Movimento Estudantil de Serviço Social brasileiro possui uma longa trajetória de lutas e resistências, o qual será mais bem abordado em outro momento desta mesma obra, o que nos cabe no momento, no entanto, é apontar os desafios postos no cenário contemporâneo, levando em consideração as particularidades derivadas do contexto de pandemia da Covid-19.

A ENESSO enquanto entidade máxima de representação de estudantes de Serviço Social se organiza politicamente a partir de seus documentos, regimento estatutário, plano de lutas e ações, assim como pelos seus encontros massivos, deliberativos e/ou organizativos. A materialidade dessa organização se dá também, e principalmente, pelas Coordenações Nacional e Regionais da Executiva, compostas por estudantes militantes comprometidas com a defesa de uma formação profissional de qualidade, em consonância com o Projeto Ético Político da categoria profissional.

Na perspectiva da defesa e construção de uma nova ordem societária anticapitalista, antiopressora e antiexploratória, a ENESSO vem ao longo de sua trajetória histórica se empenhando na luta contra qualquer forma de opressão, dominação, exploração e preconceito. Em defesa da classe trabalhadora, das mulheres, pessoas pretas, indígenas, quilombolas, povos tradicionais, da população LGBTQIAPN+[6], pessoas com deficiência, assim como em defesa da educação pública, gratuita, laica, de qualidade e socialmente referenciada para todas(os).

Posicionamentos e bandeiras de luta que são demarcados em seus documentos e revistos periodicamente, sobretudo a partir da revisão estatutária realizada a cada três anos no Encontro Nacional de Estudantes de Serviço Social (ENESS) Estatutário. O que cabe destacar, no entanto, é que em seus dois últimos ENESS Estatutários a ENESSO não conseguiu realizar essa revisão de maneira completa. A revisão prevista para o ENESS Can-

[6] Lésbicas, Gays, Bissexuais, Transgêneros/Transexuais/Travestis, Queers, Intersexo, Assexuais, Pansexuais, Não Binàries e demais variações de gêneros e sexualidades.

dango de 2016, realizado em Brasília, não foi finalizada e o mesmo ocorreu em 2019 no XL ENESS "Gralha Azul: as rosas da resistência nascem do asfalto[7]", realizado em Curitiba, sendo possível apenas uma revisão parcial do documento.

A Coordenação Nacional (Gestão 2019-2021), ao publicar o estatuto revisado, elenca uma série de fatores que prejudicaram a realização da revisão pretendida:

> O primeiro ponto a ser levantado é o **baixo número de regiões que conseguiu realizar a revisão nos ERESS**, visto que apenas a RV, a RVI, a RVII e UNB e UFMT (as quais enviaram suas propostas enquanto escola) haviam encaminhado suas propostas para a Coordenação Nacional antes do evento. Soma-se a isto, a **falta de compreensão das presentes sobre o que é o estatuto**, **reflexo da falta de trabalho de base** e grande número de participantes que estavam pela primeira vez em um encontro da executiva [...] Para além disso, o ENESS iniciou **sem uma metodologia de revisão estatutária e sem um instrumento que fosse eficiente** para a apresentação das diferentes propostas na plenária, bem como sem a sistematização das propostas[8].

O cenário de desarticulação e dificuldades no interior da Executiva nos colocava em posição de reflexão a respeito da conjuntura do MESS a nível regional e nacional. Todavia, o início da pandemia da Sars-Cov-19 em março de 2020 impossibilitou que estas ou outras reflexões fossem encaminhadas pela ENESSO, uma vez que um novo desafio se fez presente: rearticular-se politicamente num contexto de crise sanitária, social, econômica, ambiental e política.

O Movimento Estudantil precisou se reinventar para encarar o tido como "novo normal", visto que o contexto de acirramento do neoliberalismo ainda nos exigia movimento, respostas e lutas, mesmo que num contexto remoto. Era tempo de (re)organização por meio de telas, por meio de máscaras, álcool em gel e distanciamento social.

[7] Relatoria disponível em: https://drive.google.com/file/d/1hFfLOO-MjQxYAbmq0FVFY6f0Gkybw1GV/view. Acesso em: 1 mar. 2023.

[8] EXECUTIVA NACIONAL DE ESTUDANTES DE SERVIÇO SOCIAL. *Estatuto da Executiva Nacional de Estudantes de Serviço Social*. Curitiba, 2019, p. 3.

2 Desafios e (re)articulação da ENESSO no contexto de Pandemia

Ainda em março de 2020 o Ministério da Educação (MEC) divulgou a Portaria n.º 343[9], em que autorizava as instituições de ensino a realizarem a substituição das aulas presenciais por aulas em meios digitais. Temos então a adoção do ensino remoto (ou ensino a distância – EaD) pelas instituições, sem considerar as condições objetivas e subjetivas de inúmeros estudantes sem acesso a tecnologias, equipamentos eletrônicos (celular, tablet, notebook, computador), internet, letramento digital e outros. Soma-se a isso questões referentes a saúde física e mental desses sujeitos afetados pela conjuntura pandêmica.

A ENESSO em sua nota "Impactos da crise do COVID-19 na atual conjuntura" se colocou contrária ao ensino remoto destacando, para além das condições das discentes, as limitações pedagógicas enfrentadas também pelas profissionais docentes e a precarização da formação profissional. A nota também defende que o momento exige "priorizar as ações preventivas de saúde e o investimento em políticas públicas: é necessário, mais do que nunca, colocar a vida antes do lucro!"[10].

A adoção do ensino remoto dificultou o acesso à educação e precarizou a formação profissional de inúmeros discentes, de diferentes áreas. Nesse momento ainda não havia políticas ou outras medidas destinadas a estudantes que não possuíam acesso à internet e/ou computadores – medidas que foram adotadas por algumas instituições tempo depois, como é o caso da Universidade Federal do Paraná –, visando auxiliar a democratização do acesso à educação.

Dito isso, destacamos a realidade de dois grupos de estudantes que mesmo com acesso aos dispositivos necessários às aulas remotas se depararam com maiores complexidades nesse momento. Primeiro, a realidade de discentes moradores de regiões isoladas geograficamente, como é o caso de comunidades indígenas, quilombolas e/ou tradicionais, visto que, a depender da localidade, estes não conseguiam acesso a rede de internet.

Outra situação refere-se à realidade de mulheres estudantes que muitas vezes são as responsáveis pelos cuidados de sua família, filhos e filhas (que

---

[9] Disponível em: https://www.planalto.gov.br/ccivil_03/portaria/prt/portaria%20n%C2%BA%20343-20-mec.htm. Acesso em: 1 mar. 2023.

[10] EXECUTIVA NACIONAL DE ESTUDANTES DE SERVIÇO SOCIAL. *Impactos da crise do COVID-19 na atual conjuntura*. Brasil, 2020, on-line. Disponível em: https://enessoficial.wordpress.com/2020/04/09/impactos-da-crise-do-covid-19-na-atual-conjuntura/#:~:text=Pela%20suspens%C3%A3o%20das%20atividades%20de,vida%20vem%20antes%20do%20lucro!. Acesso em: 25 de fevereiro de 2023.

agora também se encontravam em isolamento social com aulas remotas) e/ou pais (que a depender da idade e/ou existência de comorbidades se enquadravam nos grupos de risco de contaminação da Covid-19). As duplas e triplas jornadas de trabalho agora passam a se fundir numa só e 24 horas já não são o suficiente para dar conta dos estudos, trabalho (mesmo que em *home office*) e cuidados com a casa e familiares.

Ademais, o período vivenciado também nos trouxe a preocupação com a evasão acadêmica, sendo necessário o posicionamento e luta por políticas e programas de permanência estudantil, assim como a expansão das já existentes, dentro das instituições de ensino.

2.2 ENESSO em movimento: Formação Profissional durante a Pandemia

Visto o cenário de implementação do ensino remoto emergencial (ERE) e retomada, por algumas instituições, dos estágios obrigatórios em Serviço Social, em junho de 2020 a ENESSO divulgou um questionário que buscou compreender a situação das discentes em âmbito nacional, bem como a realidade dos estágios obrigatórios supervisionados no contexto de pandemia.

O formulário contou com 550 respostas, do qual 360 discentes informaram que suas instituições de ensino já haviam implementado o ERE e 141 que sua adesão ainda estava em discussão. A respeito da oferta de Estágio Supervisionado Obrigatório destaca-se que: “95 responderam que seus cursos já estavam ofertando a disciplina, 278 indicaram que ainda não, e 177 que ainda estavam discutindo o tema[11]”.

O levantamento, realizado entre os meses de junho a agosto de 2020, contemplou a realidade de estudantes estagiários em diferentes espaços sócio-ocupacionais, como: assistência social, saúde, sociojurídico e educação. A pesquisa, ainda, denuncia as condições éticas e técnicas nos campos de estágio, falta de equipamentos de proteção individual para as discentes e o número mais que significativo de estudantes sem supervisão direta de estágio:

> 70 estudantes responderam que estão tendo supervisão acadêmica e de campo, **56 apenas supervisão de campo, 49 apenas supervisão acadêmica e 78 não estão tendo nenhuma supervisão.** Nos preocupa a fragmentação do processo didáti-

[11] ENESSO. *Relatório Nacional de Estágio:* reflexões a partir do Formulário acerca da Situação do Estágio em Serviço Social durante a pandemia. 2021, p. 2.

> co-pedagógico, considerando a indissociabilidade entre estágio e supervisão acadêmica e de campo, prevista nas Diretrizes Curriculares da ABEPSS e na Política Nacional de Estágio, que trata da importância da articulação entre estes três sujeitos para o processo coletivo de ensino-aprendizagem, buscando qualificar a construção, junto a estagiária, de conhecimentos e competências para o exercício da profissão. Mais além, a realização sistemática e comprometida com o Projeto Ético Político na supervisão acadêmica e de campo, possibilita a qualificação da formação e também do cotidiano de trabalho, pela fundamental relação que se constrói no Estágio, entre o espaço sócio-ocupacional e a academia, tendo como elo fundamental dessa corrente, a/o estudante-estagiária/o[12].

Os resultados da pesquisa foram utilizados em diferentes eventos e encontros da categoria profissional, buscando apresentar e denunciar a realidade enfrentada pelas estudantes de Serviço Social.

Para além do levantamento e promoção de espaços junto às estudantes para debater as condições da formação profissional, a ENESSO também esteve presente nos Fóruns Estaduais de Supervisão de Estágio em Serviço Social do Paraná e Fóruns em Defesa da Formação e do Trabalho com Qualidade em Serviço Social, junto ao Conselho Regional de Serviço Social do Paraná (CRESS-PR) e à Associação Brasileira de Ensino e Pesquisa em Serviço Social (ABEPSS) Sul I.

A respeito do primeiro, de maneira conjunta, as entidades representativas da categoria profissional se empenharam para incentivar a realização dos Fóruns Locais no estado do Paraná, monitorar as condições da oferta de Estágio nas unidades de ensino da região durante a pandemia, bem como contribuir com o Fórum de Supervisão da Região Sul diante dos acúmulos estadual.

> Dentre os objetivos mais amplos do Fórum Estadual, coloca-se o fortalecimento da formação e do trabalho profissional e de sua indissociabilidade, a partir das construções coletivas da categoria e do Projeto Ético-político da profissão, o que demanda aprofundada análise das particularidades do contexto em curso e sua incidência nas condições éticas e técnicas de trabalho dos(as) assistentes sociais, bem como na formação profissional e forma de oferta da disciplina de Estágio Supervisionado em Serviço Social[13].

---

[12] ENESSO, 2021, p. 3-4, grifos nossos.

[13] LUZA, Edinaura; BRAGA, Andrea Luiza Curralinho; SECON, Mileni Alves; SIQUEIRA, Rosângela Bujokas de; SIQUEIRA, Rosângela Bujokas de; GODOI, Sueli; MIRANDA, Vitória de Lara. FÓRUM DE SUPERVISÃO

A ENESSO, assim como o Conjunto CFESS-CRESS e ABEPSS, não deixou de se posicionar e defender uma Formação Profissional crítica, de qualidade, presencial e contrária ao ensino remoto, bem como o Projeto Ético-Político da profissão, tendo em vista a construção de uma nova ordem societária anticapitalista, antiexploratória e antidiscriminatória.

2.2 ENESSO RVI em movimento: Ações e Campanhas Durante a Pandemia.

A ENESSO RVI, para além das reuniões periódicas a nível regional e estadual, desenvolveu e promoveu diversas ações, campanhas e encontros virtuais durante o período de pandemia, das quais destacamos algumas.

Como forma de amenizar o desgaste social e emocional diante da conjuntura, em abril de 2020 a pasta de Cultura da ENESSO RVI criou a campanha "RevolucionArte: É preciso estar atenta e forte, não temos tempo de temer a morte", compreendendo a arte como instrumento de luta pelo qual podemos contar nossa história por nossas próprias mãos. Por meio das redes sociais da Região foram compartilhadas produções artísticas – como poesias, músicas, pinturas e outras formas de expressões artísticas –, que retratavam as angústias, dores e críticas das estudantes de Serviço Social.

No mês de maio a Região VI promoveu a campanha "Tem Pretxs no Sul", com o objetivo de propiciar visibilidade às estudantes negras de Serviço Social do sul do país que se deparam com diversas barreiras antes mesmo de ingressar no ambiente universitário, sendo este ainda racista, embranquecido, patriarcal, elitista e conservador. A ENESSO reforça seu compromisso com a luta antirracista e reconhece que esse é um debate primordial para compreensão das contradições da relação Capital e Trabalho em nosso país.

O racismo enquanto elemento estrutural da sociedade brasileira, tendo em vista o processo de formação sócio-histórica de nossa nação dada por meio de escravização dos povos negros africanos e extermínio dos povos originários, ainda hoje se faz presente em diferentes espaços da vida cotidiana. Durante a pandemia a população negra seguiu sendo a mais afetada, seja pelo vírus, pela política de morte do Estado (necropolítica), ou pelo genocídio desses indivíduos, como aponta a nota das organizações negras

DE ESTÁGIO EM SERVIÇO SOCIAL DO PARANÁ: rearticulação coletiva e defesa da formação e do trabalho profissional. *Cbas*, on-line, p. 1-13, 11 out 2022, p. 7. Disponível em: https://www.cfess.org.br/cbas2022/uploads/finais/0000001242.pdf. Acesso em: 12 jan. 2023.

por direito, divulgada pelo Brasil de Fato: "A pobreza, a vulnerabilidade e a morte são políticas de estado que se renovam desde a escravidão [...] 75% das pessoas assassinadas no país são negras, 57% dos mortos pela covid-19 são negros[14]". Destacamos que a ENESSO se fez presente em diferentes espaços de luta, reivindicações e debates frente a este cenário de morte, incluindo os atos em defesa de vidas negras (Vidas Negras Importam) ocorridos por todo o país.

Em setembro de 2020 a ENESSO RVI divulga a campanha "#Minha Casa Não é Sala de Aula" a fim de compartilhar as vivências e dificuldades de estudantes em meio à adoção do ensino remoto, reforçar o posicionamento contrário a essa modalidade de ensino, bem como a defesa de uma formação profissional presencial, que preze pelos debates coletivos, participação e contribuição das discentes envolvidas nesse processo de ensino-aprendizagem. As bandeiras de lutas não foram abaixadas, mesmo dentro de casa.

No mesmo mês a Região publicou a campanha "ENESSO RVI Indica" com a intenção de fomentar o debate acerca de temas relevantes ao Serviço Social por meio de produções culturais e científicas. Em conjunto a isso, a pasta de Formação Profissional da região também disponibilizou um Acervo Digital coletivo, por meio do *Google Drive*, para socialização de materiais e documentos pertinentes à formação profissional.

Em fevereiro de 2021 temos a campanha "Entendendo o MESS", que faz referência a uma série de postagens a respeito do MESS e da ENESSO, fruto da necessidade de aproximar novas estudantes da Região à Executiva, seu funcionamento e espaços de organização. O movimento de renovação do quadro militante da Coordenação Regional exigiu espaços de formação constante no interior da Executiva.

Para além das campanhas outras iniciativas foram realizadas como: Café com a ENESSO, realizados em formato de rodas de conversa com o objetivo de debater diferentes temáticas pertinentes ao Serviço Social e a Formação Profissional; Lives realizadas pelos canais da Coordenação; Oficinas e Cursos de Formação para estudantes e militantes a respeito da Executiva; Participação em Eventos, Encontros e Reuniões junto ao CRESS e à ABEPSS, entre outras.

Em maio de 2021 a ENESSO, em nível nacional e regional, começa a se mobilizar para retornar aos espaços das ruas reivindicando o Fora Bolsonaro, Mourão e aliados, bem como empregos, vacina para todas e todos e

[14] Brasil de Fato. *Ato pelo fim do genocídio da população negra acontece nesta terça (18) em João Pessoa*. João Pessoa (PB), 2021.

comida no prato da classe trabalhadora. Seguindo as medidas de segurança que o momento exigia, a ENESSO mês a mês participou dos atos contra o governo genocida, em defesa da vida.

3 Nossa escolha é a resistência!

Combinaram de nos matar, mas como dito por Conceição Evaristo: "a gente combinamos de não morrer[15]". E assim o fizemos, não deixamos nossa história, nossa luta, nossa organização política e nossa Executiva morrer. Uma tarefa árdua, de adoecimento mental e físico, mas que valeram o esforço.

Muitos foram os desafios encontrados: o esvaziamento dos espaços organizativos do MESS e ENESSO; o adoecimento mental das estudantes, docentes e demais profissionais assistentes sociais; afastamentos de militantes das Coordenações Regionais e Nacional. No entanto, apesar de todas as dificuldades, a escolha da Entidade, assim como de toda a categoria profissional, continuou sendo a mesma: resistência!

Visto a impossibilidade de realização dos Encontros Regionais e Nacional de Estudantes de Serviço Social (ERESS/ENESS), foram necessárias adaptações[16] desses eventos para o formato remoto. Por meio dos Conselhos Regionais e Nacional de Entidades Estudantis de Serviço Social (CORESS/CONESS) em caráter extraordinário foi possível realizar a troca de gestões das Coordenações da Executiva, que agora compunham respectivas Comissões Gestoras.

Desse modo, nos dias 12 e 13 de dezembro de 2020 a ENESSO RVI realiza o CORESS Extraordinário, em que a Coordenação Regional, gestão "Lutar para Estudar, Estudar para Lutar!" (2019-2020), é sucedida pela Comissão Gestora "Encantar e Enfrentar, Nossa Voz Permanecerá![17]" (2021-2022).

No ano seguinte, em 27 e 28 de março de 2021, temos a realização do CONESS Extraordinário, em que toma posse a Comissão Gestora Nacional "Pra que Amanhã Não Seja Só Um Ontem[18]" (2021-2022) e demais

[15] EVARISTO, Conceição. A gente combinamos de não morrer. *In:* EVARISTO, Conceição. *Olhos d'Água*. Rio de Janeiro: Pallas, 2016.

[16] Condição prevista no Estatuto da ENESSO.

[17] Carta de apresentação da Gestão disponível em: https://www.instagram.com/p/CKFQODQAg1z/. Acesso em: 1 mar. 2023.

[18] Carta de apresentação da Gestão disponível em: https://enessooficial.wordpress.com/2021/07/04/carta-de-apresentacao-da-comissao-gestora-nacional/. Acesso em: 1 mar. 2023.

Comissões Gestoras Regionais. Cabe destacar que em janeiro desse ano o Brasil também começou a campanha vacinal contra a Covid-19 e, segundo o Ministério da Saúde[19], em dezembro 90% da população público-alvo da campanha já havia tomado a primeira dose da vacina.

Em 2022 a ENESSO passa a refletir sobre a retomada de seus encontros presenciais, onde a Região VI assume o importante papel e compromisso de realizar o primeiro ERESS presencial pós-pandemia, visto que as demais regiões do país ainda não possuíam tal condição. Assim, em maio de 2022 é realizado o XLIII CORESS "Se há luta, há movimento", ainda no formato remoto, mas a fim de aglutinar pessoas e discussões para a organização do Encontro Regional.

Entre os dias 16 e 19 de junho foi realizado o XLII ERESS "Antonieta de Barros: nós somos porque outras foram antes de nós", na Universidade Federal de Santa Catarina, contando com 131 discentes inscritas. Foram quatro dias intensos e árduos, mas sabíamos que a tarefa de retomar esse espaço presencial não seria mesmo algo fácil. Por fim, tivemos a eleição de uma nova Coordenação Regional "Dona Ivone Lara: Firme na Luta Para Resistir[20]" (2022-2023), e indicação da próxima escola sede do ERESS que está previsto para ocorrer na Universidade Federal do Paraná em 2023.

Para além disso, a região compreendeu que o momento nos exige amadurecimento de muitos debates, sendo o étnico racial o principal dentre eles, dessa forma, segue o encaminhamento do XLIII CORESS[21]: que os próximos encontros tenham como tema central e transversal o debate étnico racial.

Em agosto de 2022 temos o II CONESS Extraordinário "Quem não se movimenta, não sente as correntes que o prende" com a eleição da gestão nacional "Se o Presente é de Luta, a Nós Pertence o Futuro![22]" (2022-2023). E no ano de 2023 a Executiva se encaminha para a realização dos ERESS em todas as regiões e ENESS de maneira presencial.

[19] Disponível em: https://www.gov.br/saude/pt-br/assuntos/noticias/2021-1/dezembro/retrospectiva-2021-as-milhoes-de-vacinas-covid-19-que-trouxeram-esperanca-para-o-brasil. Acesso em: 1 mar. 2023.

[20] Carta de apresentação da Gestão disponível em: https://regiao6enesso.blogspot.com/2023/02/carta-de-apresentacao.html. Acesso em: 1 mar. 2023.

[21] Durante o XLIII CORESS da RVI, realizado na Universidade Federal do Paraná (UFPR – Setor Litoral) em março de 2020 (data anterior a pandemia) como deliberação final, tendo em vista os últimos acontecimentos dentro da Região e demais encontros nacionais da ENESSO (ENESS 2019 e SNFPMESS 2020), deliberou-se que a Questão Étnico Racial será debatida em todos os encontros da Região – ERESS, PER, CORESS, SRFPMESS, ELESS –, de maneira central, até que se torne maduro o suficiente para se tornar debate transversal.

[22] Carta de apresentação da Gestão disponível em: https://enessooficial.wordpress.com/2022/11/14/carta-de-apresentacao-da-comissao-gestora-nacional-se-opresente-exige-luta-a-nos-pertence-o-futuro/. Acesso em: 1 mar. 2023.

4 Considerações finais

A Executiva Nacional de Estudantes de Serviço Social, assim como as demais entidades da categoria profissional (CFESS-CRESS e ABEPSS), teve a difícil tarefa de se organizar, articular e mobilizar durante o período de pandemia. Em que além do enfrentamento da Covid-19, fez-se necessário o enfrentamento de um governo neoliberal e genocida, responsável pela morte de inúmeras vidas, seja pelo não reconhecimento da gravidade da pandemia, pela demora nas negociações das vacinas, ou por sua política de morte.

A conjuntura posta nos exigiu movimento e assim o fizemos: primeiro por meio de telas e redes sociais, depois ocupando os espaços das ruas e reivindicando direitos básicos, e por fim a retomada dos espaços presenciais da Entidade com o retorno dos encontros estudantis na modalidade presencial ou híbrida.

O artigo buscou apresentar, ainda que brevemente, o panorama enfrentado pelo Movimento Estudantil de Serviço Social durante a pandemia, com enfoque na ENESSO Região VI. No entanto, reconhecemos que somente estas páginas não são capazes de expressar o que foi esse período para a Executiva e estudantes de Serviço Social da nossa região. Os impactos do ensino remoto emergencial sobre a formação profissional foram imensos e necessitam de análise própria.

Outro ponto que destacamos é a organização política da Executiva Nacional, e suas respectivas Regiões, que enfrentaram altos e baixos durante esse período. Se de um lado os encontros on-line facilitaram nosso contato (pessoas em diferentes lugares conectadas numa mesma sala virtual), do outro, essa mesma modalidade fragilizou as discussões e debates desse importante espaço de luta e trocas. Um processo que culminou no esvaziamento das Coordenações, sobrecarga de tarefas sobre as militantes que restaram nesses espaços e, consequentemente, o adoecimento delas. O virtual nos proporcionou estarmos mais próximas, ainda que distantes, ao mesmo tempo que essa proximidade também era, por muitas vezes, vazia e fria.

A retomada dos espaços presenciais não vem sendo tarefa fácil, nos desacostumamos a estarmos juntas, a debater e disputar esses espaços de maneira coletiva e não agressiva. Cabe a nós relembrarmos quem de fato é o inimigo e nos enxergarmos enquanto companheiras e companheiros em busca de um mesmo horizonte: a construção de uma nova ordem societária anticapitalista, sem qualquer forma de opressão, exploração, dominação e preconceito.

O momento é de (re)articulação, de caminharmos lado a lado em defesa do Projeto Ético Político da profissão, da educação pública, laica, de qualidade, presencial e socialmente referenciada, e de uma formação profissional crítica e de qualidade. Para isso, o trabalho coletivo junto ao Conjunto CFESS-CRESS e à ABEPSS se faz imprescindível, juntas e juntos somos mais fortes.

Por fim, sabemos que o caminho a ser percorrido ainda é longo, nossa luta segue sendo diária. E para isso, felizmente, não estamos sós! A história do MESS e ENESSO é construída coletivamente por inúmeras mãos, damos continuidade a uma luta que antecede nossa chegada, e depois de nós outras chegarão. Seguimos nos encontrando e reencontrando na luta!

REFERÊNCIAS

BRASIL. *Código de ética do/a assistente social.* Lei 8.662/93 de regulamentação da profissão. 1993.

BRASIL DE FATO. *Ato pelo fim do genocídio da população negra acontece nesta terça (18) em João Pessoa.* João Pessoa, 2021. Disponível em: https://www.brasildefato.com.br/2021/05/18/ato-pelo-fim-do-genocidio-da-populacao-negra-acontece-nesta-terca-18-em-joao-pessoa. Acesso em: 1 maio 2023.

EVARISTO, Conceição. A gente combinamos de não morrer. *In:* EVARISTO, Conceição. *Olhos d'Água.* Rio de Janeiro: Pallas, 2016.

EXECUTIVA NACIONAL DE ESTUDANTES DE SERVIÇO SOCIAL. *Estatuto da Executiva Nacional de Estudantes de Serviço Social.* Curitiba, 2019 Disponível em: https://enessooficial.files.wordpress.com/2020/10/estatuto-revisado-2019-3.pdf. Acesso em: 20 dez. 2023.

EXECUTIVA NACIONAL DE ESTUDANTES DE SERVIÇO SOCIAL. *Impactos da crise do COVID-19 na atual conjuntura.* Disponível em: https://enessooficial.wordpress.com/2020/04/09/impactos-da-crise-do-covid-19-na-atual-conjuntura/. Brasil, 2020. Acesso em: 20 jan. 2023.

EXECUTIVA NACIONAL DE ESTUDANTES DE SERVIÇO SOCIAL. *Relatório Nacional de Estágio:* reflexões a partir do Formulário acerca da Situação do Estágio em Serviço Social durante a pandemia. Disponível em: https://drive.google.com/file/d/1j2kBlYtoZh_zfqo-Zdm-Vbe2FDhUgE_A/view. Acesso em: 5 maio 2023.

EXECUTIVA NACIONAL DE ESTUDANTES DE SERVIÇO SOCIAL. *Hoje, temos muito a comemorar!* Dia 15 de Maio, Dia da/o Assistente Social! Disponível em: https://enessooficial.wordpress.com/2018/05/15/hoje-temos-muito-a-comemorar-dia-15-de-maio-dia-da-o-assistente-social/. Acesso em: 5 maio 2023.

IRINEU, Bruna Andrade *et al.* Editorial Revista Temporalis. Crise do Capital e Pandemia: impactos na formação e no exercício profissional em Serviço Social. *Temporalis*, [*S.l.*], v. 21, n. 41, p. 7-18, 2021. Disponível em: https://periodicos.ufes.br/temporalis/article/view/35907. Acesso em: 20 fev. 2023.

LUZA, Edinaura *et al.* Fórum de supervisão de estágio em serviço social do Paraná: rearticulação coletiva e defesa da formação e do trabalho profissional. *Cbas*, p. 1-13, 11 out. 2022. Disponível: http:// www.cbas.com.br/conteudo/trabalhos_cbas17. Acesso em: 1 maio 2023.

NASCIMENTO, Milton. *O que foi feito deverá.* 1978. [*S.l.: s.n.*]

CAPÍTULO 2

CRESS-PR NO CONTEXTO DA PANDEMIA: OS DESAFIOS E COMPROMISSOS COM A AGENDA DA FORMAÇÃO E DO TRABALHO COM QUALIDADE EM SERVIÇO SOCIAL

Andrea Luiza Curralinho Braga
Marcelo Nascimento de Oliveira
José Lucas Januário de Menezes

Aula de Vôo
O conhecimento caminha lento feito lagarta.
Primeiro não sabe que sabe e, voraz,
contenta-se com cotidiano orvalho
deixado nas folhas vividas das manhãs.
Depois pensa que sabe
e se fecha em si mesmo:
faz muralhas, cava trincheiras,
ergue barricadas.
Defendendo o que pensa saber
levanta certeza na forma de muro
orgulhando-se do seu casulo.
Até que maduro explode em vôos
rindo do tempo que imaginava saber
ou guardava preso o que sabia.
Voa alto sua ousadia
reconhecendo o suor dos séculos,
no orvalho de cada dia.
Mesmo o vôo mais belo,
descobre um dia não ser eterno.
É tempo de acasalar,
voltar à terra com seus ovos
à espera de novos e prosaicos lagartos
O conhecimento é assim ri de si mesmo
e de suas certezas.
É meta da forma, metamorfose, movimento,
fluir do tempo que

tanto cria como arrasa.
E nos mostra que para o vôo
é preciso tanto o casulo como a asa.
(Mauro Iasi)

INTRODUÇÃO

Os Conselhos Regionais de Serviço Social (CRESS) possuem funções precípuas, tais como: orientar, disciplinar e fiscalizar o exercício profissional da(o) assistente social em sua área de jurisdição, em consonância com o Artigo 10.º da Lei 8.662/1993, que conjugam com os esforços indicados pela agenda coletiva construída em diálogo com os demais Conselhos regionais e o Conselho Federal de Serviço Social – CFESS. Desse modo, no âmbito do conjunto CFESS-CRESS, é assumido o compromisso de atuação em múltiplas articulações e instâncias, definindo bandeiras de lutas e agenda coletiva de incidências com a categoria profissional e diversos segmentos da sociedade.

Sendo órgão de representação política da categoria de assistentes sociais, com área de jurisdição no estado do Paraná, o CRESS possui em sua estrutura político-administrativa: uma sede, localizada em Curitiba, capital do estado, que possui uma gestão estadual eleita a cada três anos durante o processo eleitoral do conjunto CFESS-CRESS. É composto por duas seccionais, estando localizadas em Londrina e Cascavel, que possuem coordenação também eleita no mesmo processo eleitoral do conjunto. Em sua estrutura administrativa, conta com 18 trabalhadores(as), distribuídos(as) entre sede e seccionais. Conta ainda com 19 núcleos regionais de base (NUCRESS), 4 comissões permanentes, 8 câmaras e comissões temáticas, sendo uma delas a Comissão de Trabalho e Formação Profissional, espaço que dá subsídio à construção deste artigo.

Nesse sentido, estamos vinculados à gestão de uma autarquia pública com uma estrutura administrativa, burocrática, disciplinar, ao mesmo tempo que temos uma organização política de atuação na defesa da profissão, da qualidade dos serviços prestados à população e das pautas coletivas com caráter emancipatório. São imensos os desafios postos às gestões dos CRESS, principalmente, diante da atual conjuntura política, econômica e social que convergem nas requisições de sua categoria, bem como na direção política e qualidade das respostas emitidas pela entidade.

Particularmente, a gestão do conjunto CFESS/CRESS que assumiu no triênio 2020-2023 teve um contexto de exceção que intensificou mais ainda os desafios a serem enfrentados pelo conselho, num cenário de retração de direitos, a ascensão de políticas ultraliberais somadas ao contexto pandêmico e a um desgoverno negacionista, com irrestrito apoio à destruição da natureza e o fomento da violência. Destaca-se que diante da Pandemia de impacto internacional, o CRESS-PR adotou medidas de segurança em conformidade com as determinações das autoridades sanitárias e em respeito à vida das(os) trabalhadoras(es), conselheiras(os) e da categoria. Nesse período em que se avolumaram as demandas do Conselho, a Comissão de Trabalho e Formação Profissional foi demasiadamente acionada, desde orientações acerca da realização do estágio supervisionado, atividades de ensino e extensão durante a pandemia, até questões mais complexas como o debate acerca da curricularização da extensão, novas modalidades de residência, estágio de pós-graduação, ampliação de ensino a distância e o sucateamento das universidades públicas.

O presente artigo se propõe a apresentar tal conjuntura no âmbito do CRESS-PR, no triênio 2020-2023 no período da gestão "Unidade na Resistência, Ousadia na Luta", apontando para os principais desafios assumidos frente ao eixo trabalho e formação profissional. Neste triênio, a Comissão de Trabalho e Formação Profissional teve sua ênfase de ação atrelada a três Grupos de Trabalho (GTs) em conformidade com o Plano de Metas do CRESS-PR, a saber: (i) o Estágio Supervisionado em Serviço Social; (ii) a Residência Multiprofissional; (iii) e o Debate Étnico-Racial na formação profissional.

O relato aqui constituído é resultado de ações organizadas pela Comissão de Trabalho e Formação Profissional em parceria com a Comissão de Orientação e Fiscalização atuando de forma coletiva e conjuntamente com as demais entidades: ABEPSS e ENESSO, a partir de demandas do trabalho profissional que se apresentaram ao Conselho. A Comissão é composta, além de representantes das entidades, de agentes fiscais e coordenação técnica do CRESS-PR, bem como de assistentes sociais de base que atuam na formação ou que possuem interesse na discussão acerca do trabalho profissional.

1 Desafios do Trabalho e Formação Profissional no contexto pandêmico

O contexto pandêmico, aliado às demandas provenientes da precarização do trabalho, das condições de vida da classe trabalhadora, remeteu à Comissão de Trabalho e Formação Profissional um acúmulo de requisições de respostas frente ao trabalho profissional. O primeiro desafio a ser destacado se refere aos encontros de seus/suas integrantes para debater os dilemas vivenciados, uma vez que a conjuntura exigia estratégias e respostas rápidas, envolvendo ainda outras instâncias e entidades da categoria.

O primeiro Encontro Estadual de Planejamento do CRESS-PR foi realizado de modo remoto, em julho de 2020. No Eixo Trabalho e Formação Profissional reafirmou a importância de aproximação permanente entre a formação e o exercício profissional na sua indissociabilidade, expressando ao Conselho a necessidade de incidir, de modo propositivo, nos projetos político-pedagógicos das unidades formadoras, sinalizando as demandas e especificidades dos campos ocupacionais, conteúdos de especializações, desenvolvimento de atribuições privativas, como a Supervisão de Estágio e orientação em matéria de Serviço Social.

Na Carta-Programa da Gestão "Unidade na Resistência, Ousadia na Luta", o referido Encontro Estadual de Planejamento reuniu propostas que foram amplamente debatidas e dispostas da seguinte forma:

> 1 – Realizar ações conjuntas e programáticas com a Associação Brasileira de Ensino e Pesquisa em Serviço Social – ABEPSS (Região Sul) e Executiva Nacional de Estudantes de Serviço Social -ENESSO, visando a formação de qualidade e fortalecimento do projeto ético-político.
>
> 2 – Realização do 8.º Congresso Paranaense de Assistentes Sociais, garantindo sua descentralização, valores acessíveis, envolvimento das demais entidades da categoria e Unidades de Ensino, valorização da produção científica no Paraná e socialização de experiências.
>
> 3 – Desenvolvimento de ações de cadastro, monitoramento e orientação das Unidades de ensino no tocante ao estágio supervisionado, de modo a incidir na qualificação dos projetos político-pedagógicos, considerando as requisições, demandas e competências no exercício profissional, tendo em vista as prerrogativas do CRESS.
>
> 4 – Eixo Formação Profissional do 48° Encontro Nacional do Conjunto CFESS/CRESS. Deliberação n.º 04 "Ações de enfrentamento à precarização do ensino de graduação em serviço social nas modalidades presencial e a distância, tendo em vista as repercussões para a profissão".
>
> 5 – Propor ações de educação permanente com vistas a estabelecer proximidade entre o CRESS e os(as) profissionais formados(as) em todas as modalidades de ensino, com

vistas ao fortalecimento do PEP, mantendo a autonomia crítica do conjunto CFESS/CRESS sobre os processos de precarização do ensino.

6 – Propor ações de educação permanente com vistas a estabelecer proximidade entre o CRESS e os(as) profissionais formados(as) em todas as modalidades de ensino, com vistas ao fortalecimento do PEP, mantendo a autonomia crítica do conjunto CFESS/CRESS sobre os processos de precarização do ensino.

7 – Realização de oficinas e outras atividades que debatam temas pertinentes à formação profissional, sobre e Estágio Supervisionado, Ética Profissional e Fundamentos Históricos e Teórico-Metodológicos do Serviço Social, com metodologia que promova a participação efetiva das/dos profissionais envolvidos(as), estudantes e residentes. Compreendendo a supervisão de estágio como parte constitutiva do processo de formação profissional, vislumbra-se ampliar, em parceria com a ABEPSS, os encontros entre os agentes envolvidos no referido processo, realizando a interlocução entre as Instituições de Ensino/Unidades Formadoras.

8 – Desenvolver ações de educação permanente sobre educação para a igualdade étnico-racial com ênfase no combate ao racismo institucional destinado aos profissionais inseridos nos espaços sócio-ocupacionais no âmbito de todas as políticas sociais;

9 – Dar continuidade à articulação com a ABEPSS na realização do projeto ABEPSS Itinerante;

10 – Dar continuidade na implementação do Fórum Estadual de Formação Profissional em articulação com o Fórum Regional e Nacional em Defesa da Formação e do Trabalho Profissional com qualidade em Serviço Social[23].

As proposições supra dispostas, que se encontram no Relatório do Eixo Trabalho e Formação Profissional, expressam a direção assumida pela Comissão de Trabalho e Formação Profissional, cujos encontros e organização de atividades se assentaram nos três Grupos de Trabalho anteriormente apontados. Partindo do pressuposto de que a qualidade dos serviços profissionais prestados à população usuária está intrinsecamente ligada à qualidade da formação profissional. Desse modo, afirma-se a importância de o CRESS-PR intensificar ações estratégicas na relação com as Unidades Formadoras (UFAS), ou seja, instituições de ensino que ofertam o curso de Serviço Social no estado, e por meio da emissão de notas de posicionamento e orientação à categoria profissional.

[23] CRESS – CONSELHO REGIONAL DE SERVIÇO SOCIAL. *Relatório de Planejamento CRESS-PR*, 2020, s/p.

É preciso destacar o compromisso do CRESS-PR com as demais entidades representativas, CFESS, ABEPSS e ENESSO, assim como outros regionais, em especial os da região sul, no âmbito do trabalho e da formação profissional, que foi objeto da edição especial CRESS em Movimento, publicada no site em 14 de dezembro de 2021, pelo Conselho. A publicação traz, em cinco artigos mais as considerações finais, o debate acerca da supervisão de estágio em Serviço Social no contexto pandêmico; explicita o posicionamento do Conjunto no processo de construção de ações conjuntas com a ABEPSS em defesa da Resolução 533/2008 e das condições éticas e técnicas do exercício profissional; apresenta de forma relevante os dados da pesquisa sobre "O estágio supervisionado e a supervisão direta em serviço social no estado do Paraná no contexto da pandemia"; e traz ainda um panorama das ações programadas sobre o Estágio Supervisionado e a Supervisão Direta em Serviço Social.

1.1 Ações em Defesa da Formação Profissional e Articulação do Fórum de Estágio em Serviço Social

No início da gestão "Unidade na Resistência, Ousadia na Luta", houve a constituição do GT Estágio Supervisionado em Serviço Social, enquanto estratégia de discussão e fortalecimento dessa pauta.

A partir das demandas que ingressaram na Comissão de Orientação e Fiscalização e Comissão de Trabalho e Formação Profissional, esse GT concentrou suas ações em discutir a realização do estágio e o processo de supervisão de estágio, naquele contexto em que cursos presenciais suspenderam as atividades acadêmicas e campos ocupacionais e espaços de estágios continuaram funcionando, ora presencial, ora de forma remota. Quanto aos cursos na modalidade de ensino a distância, é preciso destacar também quanto à indagação acerca da possibilidade de manutenção ou não do estágio, até mesmo da possibilidade de conversão em atividades extras, como cursos e palestras on-line.

> Diante da necessária reafirmação do papel do estágio no processo formativo do Serviço Social, a Comissão de Orientação e Fiscalização deliberou pela necessidade de articulação com a Comissão de Trabalho e Formação para aprofundamento do debate sobre as questões vinculadas ao estágio supervisionado em Serviço Social no estado frente ao contexto da pandemia. As comissões articuladas propuseram a aplicação de ques-

> tionário às UFAS, a fim de mapear aspectos sobre o estágio supervisionado e a supervisão direta de estágio em Serviço Social. Dada a articulação regional por meio do Fórum em Defesa da Formação e do Trabalho de Qualidade da Região Sul, que no ano de 2020 promoveu reuniões temáticas e ciclos de debates sobre o estágio supervisionado de forma remota, a proposta foi apresentada regionalmente sendo encaminhado pela unificação da pesquisa entre os CRESS da região Sul, para o levantamento junto às UFAS região Sul (Paraná, Rio Grande do Sul e Santa Catarina)[24].

O referido instrumento apresentado de forma conjunta por integrantes do GT junto à reunião do Fórum Regional em Defesa do Trabalho e da Formação de Qualidade em Serviço Social da Região Sul recebeu apontamentos de aprimoramento e encaminhamentos de replicação pelos CRESS regionais em todas as UFAs da região sul. A referida pesquisa passou então a ser coordenada por uma comissão especial constituída junto ao Fórum Regional por representantes dos três CRESS da Região Sul, ABEPSS e ENESSO, e seu resultado fora apresentado ao final de 2020.

Também merece destaque o fortalecimento do Fórum de Supervisão de Estágio do Estado do Paraná. As ações do Fórum de Estágio se constituíram até 2016, por meio de contato por e-mail com as coordenações e visitas em algumas escolas para discutir o papel do Fórum e necessidade de ações conjuntas entre o Conselho e as UFAS. Todavia, naquele momento foi uma articulação inviável, visto que se evidenciou que sem a criação e fortalecimento dos Fóruns locais não seria possível forjar uma cultura profissional e acadêmica que demonstrasse a necessidade e as condições para dar movimento ao Fórum Estadual. As escolas, por meio da coordenação de estágio, realizavam encontros e outras atividades com os supervisores de campo, supervisores acadêmicos e estagiários(as) sem dar o nome de Fórum e, até mesmo, sem integração e processualidade nas ações desenvolvidas.

A Gestão Unidade na Resistência, Ousadia na Luta (2020-2023), retomou em 2021 as discussões acerca dos encaminhamentos realizados pela Gestão Tempo de Resistir, Nenhum Direito a Menos (2017-2020), a exemplo da composição do Fórum Regional em Defesa da Formação e do Trabalho com Qualidade em Serviço Social e do Fórum de Estadual de Supervisão de Estágio em Serviço Social do Paraná, este último lançado em 2019 durante o VII Congresso Paranaense de Assistentes Sociais.

---

24 CRESS – CONSELHO REGIONAL DE SERVIÇO SOCIAL. *CRESS Em Movimento*, 2021, p. 13.

Frente ao contexto de pandemia e a novas estratégias de mobilização e diálogo com a categoria, no dia 9 de julho de 2021, inicia-se o ciclo das Rodas de Conversa sobre o Ensino Remoto Emergencial e o Estágio Supervisionado e a Supervisão Direta de Estágio em Serviço Social no estado do Paraná. Essas rodas de conversa foram promovidas pelas entidades organizativas da profissão, Conselho Regional de Serviço Social do Paraná (CRESS/PR), Associação Brasileira de Ensino e Pesquisa em Serviço Social (ABEPSS) Região Sul I e a Executiva Nacional de Estudantes de Serviço Social (ENESSO). Após a realização das rodas de conversas, pela qualidade profícua dos debates e articulações ocorreu a reativação e nova composição da Coordenação Colegiada do Fórum Estadual de Supervisão de Estágio em Serviço Social do Paraná.

Na atividade que rearticulou o Fórum Estadual estiveram representadas 17 Unidades Formadoras de ensino (UFAs), num total de 68 participantes entre coordenadores de curso, coordenadores de estágio, supervisores de campo e acadêmicas(os), representantes das entidades da categoria e discentes/estagiários(as)[25]. Enquanto estratégia coletiva, o Fórum de Estágio em Serviço Social constituiu um espaço de discussão acerca dos desafios e possibilidades da qualificação profissional, de forma articulada e planejada.

Esse espaço possui uma Coordenação Colegiada, que conta com a participação de representantes das entidades representativas da profissão e de Unidades de Formação Acadêmica (UFAs) do Paraná e, ainda, concomitantemente, contempla a participação de assistentes sociais representantes da totalidade das(os) sujeitas(os) que perpassam o processo de supervisão direta de estágio em Serviço Social, a saber: coordenadores(as) de curso, coordenadores(as) de estágio, supervisores(as) acadêmicos(as), supervisores(as) de campo e estudantes/estagiárias(os).

Dentre os objetivos do Fórum Estadual, destaca-se o fortalecimento da formação e do trabalho profissional e de sua indissociabilidade, a partir das construções coletivas da categoria e do Projeto Ético-político da profissão, o que demanda aprofundada análise das particularidades do contexto em curso e sua incidência nas condições éticas e técnicas do trabalho dos(as) assistentes sociais, bem como na formação profissional e forma de oferta da disciplina de Estágio Supervisionado em Serviço Social.

[25] LUZA, Edinaura *et al.* Fórum de Supervisão de Estágio em Serviço Social do Paraná: rearticulação coletiva e defesa da formação e do Trabalho Profissional. *In:* Congresso Brasileiro de Assistentes Sociais, Brasília, 18, 2022, Brasília. *Anais eletrônico [...].* Brasília: CFESS, 2023.

Ademais, a Coordenação Colegiada do Fórum Estadual de Supervisão de Estágio em Serviço Social do Paraná enfatizou às UFAs a importância da articulação de espaço coletivo, conforme supramencionado, haja vista que este possibilita conhecimento mais aprofundado acerca das condições éticas e técnicas de trabalho dos campos de estágio, especialmente no contexto de pandemia e pós-pandemia; permite a construção de um importante canal de comunicação entre supervisores(as) acadêmicos(as) e de campo e estudantes; subsidia a atuação de supervisores(as) acadêmicos(as), face às mediações necessárias frente às contradições, aos limites e às possibilidades do trabalho do(a) assistente social; permite uma maior aproximação entre UFAs e campos de trabalho/estágio.

No primeiro semestre de 2022, a Coordenação Colegiada do Fórum Estadual de Supervisão de Estágio em Serviço Social do Paraná, a partir da identificação e aprofundamento do debate sobre dilemas, desafios e contradições que perpassam os campos de trabalho e estágio no contexto em curso, bem como sobre a importância do compromisso coletivo na defesa e contribuição com a formação de qualidade e balizada pelo Projeto Ético-Político Profissional, retomou a campanha da ABEPSS de 2017: "Sou Assistente Social e Supervisiono Estágio: A supervisão qualifica a formação e o trabalho". Tal campanha objetivou "destacar, junto à categoria profissional, a relevância político-pedagógica do estágio supervisionado no processo de formação e no exercício profissional em Serviço Social"[26], fazendo parte de estratégia de fortalecimento e valorização do processo de supervisão de estágio. Em disseminação de material via redes sociais e aplicativo *WhatsApp*, a categoria foi convidada a revisitar a campanha, relendo informativo e revendo vídeo pertinente.

Ainda no ano de 2022, especificamente no segundo semestre, ocorreu o II Encontro do Fórum Estadual de Supervisão de Estágio em Serviço Social do Paraná em 26 de outubro de 2022, objetivando, especialmente, aprofundar o debate sobre desafios e estratégias diante do contexto de retomada pós-isolamento, pelas UFAs, das atividades de estágio de forma presencial, após a adoção de medidas das mais variadas no âmbito do contexto pandêmico. As atividades do Fórum permanecem com o planejamento de ações estratégicas de incidência e a pretensão de fortalecer a indissociabilidade entre trabalho e formação profissional no âmbito local e regional.

[26] ABEPSS. Notícias. *Sou Assistente Social e Supervisiono Estágio* – A supervisão qualifica a formação e o trabalho. 16/11/2017, s/p.

1.2 GT Debate Étnico Racial na Formação Profissional

Esse espaço junto à Comissão de Trabalho e Formação Profissional estava previsto no Plano de Metas do CRESS-PR para o ano de 2020, mas se constituiu como resultado de provocações coletivas por integrantes da própria gestão do CRESS-PR, ABEPSS e ENESSO. Também contou com representações docentes e discentes de cursos de graduação e pós-graduação em Serviço Social no estado do Paraná.

Sua primeira estratégia de ação se concentrou na elaboração de um instrumento que pudesse mapear junto às unidades de formação acadêmica em Serviço Social o debate acerca das questões étnico-raciais nos cursos de Serviço Social, Graduação e Pós-Graduação, no estado do Paraná. O GT desenvolveu encontros de forma remota desde o ano de 2021, concluindo o mapeamento no final de 2022, quando se reconheceu a importância de ampliação das discussões e consecutivamente a articulação do Comitê Paranaense de Assistentes Sociais na Luta Antirracista, desafio esse que fora previsto para o ano de 2023.

1.3 GT – Residência Técnica e Residência Multiprofissional em Serviço Social

O GT Residência multiprofissional foi criado com a ênfase de discutir sobre a residência em saúde e residência técnica em Serviço Social. A proposta do GT foi de aprofundar o conhecimento sobre a realidade dos Programas de Residência Multiprofissional em Saúde e dos Programas de Residência Técnica, possibilitando compreender as especificidades de cada programa. Enquanto uma tentativa de articulação no ano de 2021, foi identificado o aprofundamento do debate acerca da Residência Técnica na Comissão de Orientação e Fiscalização e na Câmara Temática de Direitos Humanos, fato esse que exigiu encaminhamentos junto ao CFESS e à ABEPSS para além do que se situava no âmbito do debate acerca da Residência Multiprofissional em Saúde.

Quanto à participação de assistentes sociais residentes na área de saúde, muito embora a contribuição inicial e expectativas enquanto um espaço de reflexão, compreendeu-se que à medida que as(os) residentes iam se formando, com o fim do vínculo enquanto formação, acabavam se desligando do grupo. Nesse sentido, optou-se pelo encaminhamento de fortalecer a Câmara Temática de Saúde do CRESS-PR, espaço permanente de mobilização e organização política da categoria na área da saúde.

2 Ações de orientação e fortalecimento do trabalho Profissional no contexto pandêmico à guisa de conclusão

Conforme já sinalizamos, desde o decreto de emergência de saúde pública de importância nacional, em contexto de exceção causado pelo cenário pandêmico, o CRESS-PR ressignificou suas ações e promoveu incidências políticas e concentrou esforços junto à COFI e à Comissão de Comunicação para garantir orientação e informação à categoria profissional. A partir das requisições impostas pela categoria profissional nos diversos espaços sócio-ocupacionais, a entidade promoveu incidências acerca da requisição da vacina e de condições éticas e técnicas junto ao governo do estado e municípios, por meio do encaminhamento de ofícios e notas orientativas às/aos assistentes sociais, bem como cobertura em relação ao processo vacinal.

Dentre outros fatores, esse pode ser considerado um grande desafio e importância da atuação conjunta do CRESS com as instâncias e que adquiriu visibilidade, por meio da Comissão de Comunicação do Conselho, junto à imprensa. A mobilização em defesa da vacina em diversas regiões do estado foi fator preponderante, levando inclusive ao pedido de reunião entre CRESS-PR e representantes na Assembleia Legislativa, além do Ministério Público do estado e do Centro de Apoio Operacional (CAOP) e da Câmara Temática (CT) de Assistência Social.

Dando continuidade às ações do CRESS, bem como visibilidade a documentos orientativos como CRESS Orienta (produzido no âmbito da COFI), foram promovidas diversas rodas de conversas, webinários e ciclos de debates sobre atuação das(os) assistentes sociais na pandemia. As diversas iniciativas tiveram como objetivo orientar e alertar a categoria profissional e a sociedade como um todo sobre o novo Coronavírus, contando com o engajamento das instâncias do CRESS (Seccionais, Câmaras Temáticas, Comissões e NUCRESS) para sua disseminação, o que contribuiu no fortalecimento do trabalho das(os) assistentes sociais em meio à pandemia garantindo informações, além das(os) profissionais, à população usuária e à sociedade.

Como estratégia de fortalecer o trabalho profissional, cabe destacar que o CRESS-PR assumiu o protagonismo, vinculado aos preceitos da Política de Educação Permanente, além da organização de materiais orientativos e multiplicação das ações de formação remota: Curso de Controle Social,

Curso Serviço Social e Questão Urbana; Curso de Extensão: Serviço Social e Questão Indígena; Ciclo de debates sobre a luta anticapacitista. Tais ações e documentos construídos visaram contribuir com o trabalho profissional nos diversos espaços sócio-ocupacionais e podem ser acessados pelo site do CRESS-PR.

Por fim, conclui-se que o trabalho coletivo que envolveu a participação das demais entidades: ABEPSS e ENESSO foi de suma importância para o fortalecimento da pauta em defesa do trabalho e da formação com qualidade em Serviço Social. Em tempos nos quais reinam o conservadorismo e o aligeiramento das relações humanas, da precarização do trabalho e da formação profissional, assumir coletivamente esse desafio, conjuntamente às demais entidades organizativas, expressa nossa forma de resistir em defesa do Projeto Ético-Político e da direção crítica que assumimos. Assim, seguimos com a certeza de unidade na resistência e ousadia na luta, em defesa do trabalho e da formação com qualidade em Serviço Social.

REFERÊNCIAS

ABEPSS. *Notícias*. Sou Assistente Social e Supervisiono Estágio – A supervisão qualifica a formação e o trabalho. 16 nov. 2017. Disponível em: https://www.abepss.org.br/noticias/souassistentesocialesupervisionoestagioasupervisaoqualificaaformacaoeotrabalho-157. Acesso em: 18 jul. 2023.

CRESS – CONSELHO REGIONAL DE SERVIÇO SOCIAL. *Relatório de Planejamento* – CRESS-PR, 2020.

CRESS – CONSELHO REGIONAL DE SERVIÇO SOCIAL. *Cress em movimento*, 2021.

LUZA, Edinaura *et al.* Fórum de Supervisão de Estágio em Serviço Social do Paraná: rearticulação coletiva e defesa da formação e do Trabalho Profissional. *In:* Congresso Brasileiro de Assistentes Sociais, Brasília, 18, 2022, Brasília. *Anais eletrônicos [...]*. Brasília: CFESS, 2023.

CAPÍTULO 3

A ORGANIZAÇÃO DA CATEGORIA NO ÂMBITO DA FORMAÇÃO PROFISSIONAL: A ASSOCIAÇÃO BRASILEIRA DE ENSINO E PESQUISA ABEPSS NO PARANÁ

Kathiuscia Aparecida Freitas Pereira Coelho
Denise Maria Fank de Almeida
Esdras Tavares de Oliveira
Luana Portela

Tú no puedes comprar el viento
Tú no puedes comprar el Sol
Tú no puedes comprar la lluvia
Tú no puedes comprar el calor

Tú no puedes comprar las nubes
Tú no puedes comprar los colores
Tú no puedes comprar mi alegría
Tú no puedes comprar mis dolores

No puedes comprar el Sol
No puedes comprar la lluvia
(Vamos caminando) no riso e no amor
(Vamos caminando) no pranto e na dor

(Vamos dibujando el camino) el Sol
No puedes comprar mi vida
(Vamos caminando) la tierra
No se vende

Trabajo bruto, pero con orgullo
Aquí se comparte, lo mío es tuyo
Este pueblo no se ahoga con marullo
Y si se derrumba, yo lo reconstruyo

Tampoco pestañeo cuando te miro
Para que te recuerdes de mi apellido
La Operación Cóndor invadiendo mi nido
Perdono, pero nunca olvido, ¡oye!
(Vamos caminando)

Aquí se respira lucha
(Vamos caminando)
Yo canto porque se escucha
(Vamos dibujando el camino) vozes de um só coração
(Vamos caminando) aquí estamos de pie

¡Que viva la América!

No puedes comprar mi vida

(Latinoamérica, Rafa Arcaute / René Pérez / Eduardo Cabra)

INTRODUÇÃO

Este capítulo tem como objetivo apresentar a trajetória sócio-histórica da Associação Brasileira de Ensino e Pesquisa em Serviço Social (ABEPSS) no estado do Paraná, com destaque para as ações promovidas pela gestão "Aqui se respira luta!" no biênio 2021-2022[27], enfatizando as atividades no enfrentamento das demandas decorrentes do período de pandemia da Covid-19 e a articulação entre as entidades da categoria profissional: ABEPSS, Conjunto CFESS/CRESS – Conselho Federal de Serviço Social e Conselho Regional de Serviço Social do Paraná – e a ENESSO – Executiva Nacional de Estudantes de Serviço Social.

Inicialmente apresentamos o contexto pandêmico que se propagou no mundo e no Brasil de forma aligeirada, trazendo a doença conhecida como Covid-19, que aprofunda e agrava a crise política e econômica já instalada. A realidade imposta pela pandemia trouxe expressivas consequências às relações de trabalho e educação. Naturalizando práticas tais como a modalidade remota de ensino, que modificou a forma de ensinar em relação aos aspectos pedagógicos, planejamento das atividades de ensino, acentuando as tendências à improvisação e à desqualificação do processo.

Apresentamos na sequência as particularidades da região Sul I da ABEPSS e o estado do Paraná na trajetória da entidade, além dos desafios enfrentados pela gestão no acompanhamento dos desdobramentos do Ensino Remoto Emergencial (ERE) no âmbito da graduação e da pós-graduação,

[27] A gestão foi presidida nacionalmente por Rodrigo Teixeira. Compuseram a gestão "Aqui se Respira Luta" na regional Sul 1 no biênio 2021/2022: Kathiuscia Ap. Freitas Pereira Coelho – vice-presidente; Denise Maria Fank de Almeida – suplente de docente; Monique Bronzoni Damascena – coordenadora de graduação; Suéllen Bezerra Alves Keller – representante de supervisores de estágio; Luana Portela – discente de graduação; Michelly Laurita Wiese – coordenadora de pós-graduação; Esdras Tavares de Oliveira – discente de pós-graduação; e Michael da Costa Lampert – discente de pós-graduação. São autores(as) deste artigo os representantes do estado do Paraná, haja vista o destaque que o trabalho faz nas atividades realizadas neste estado.

como, por exemplo, a realização do estágio em Serviço Social, a implantação da curricularização da extensão, e as diversas discussões e atividades realizadas pela gestão nesse período.

É inconteste os prejuízos na formação profissional, no âmbito da graduação e da pós-graduação nesse período. Os impactos do ERE foram percebidos durante o período da gestão e suas repercussões terão impactos na profissão ainda por muito tempo, configurando-se como demandas permanentes às entidades da categoria profissional.

No entanto, apesar dos inúmeros desafios enfrentados nesse momento, concluímos que ocorreram relevantes reflexões, encaminhamentos e articulações entre as entidades representativas da profissão, fortalecendo a Abepss na região e no estado do Paraná. A aproximação com as Unidades de Formação Acadêmica (UFAs) foi outro aspecto de expressão, por meio da participação nos eventos e atividades e no próprio envolvimento das UFAs na construção de estratégias coletivas no enfrentamento desses desafios.

1 A Abepss Sul I no Paraná e o enfrentamento às repercussões do contexto de pandemia da Covid-19 para a formação profissional em Serviço social

Em fevereiro de 2020, com a chegada ao Brasil dos primeiros casos de pessoas infectadas com o vírus SARS-COV, propagou-se no país a doença conhecida como Covid-19 de forma aligeirada, instalando-se o período da pandemia, considerada emergência de saúde pública pela Lei n.º 13.979, de 06/02/2020[28].

A vida em todas as esferas e aspectos é afetada pelo contexto pandêmico, sendo necessário mudança em nossos modos e hábitos. A medida de distanciamento para proteção adotada, o isolamento social, exigiu mudanças nas relações sociais e de trabalho.

Particularmente, no âmbito da educação seus impactos tiveram consequências para além da duração da pandemia. A formação em Serviço Social foi deveras afetada pela adoção do ERE e exigiu das entidades organizativas da profissão medidas de enfrentamento e resistência ao acirramento de sua precarização, conforme abordado na sequência.

[28] BRASIL. *Lei n.º 13.979, de 6 de fevereiro de 2020*. Dispõe sobre as medidas para enfrentamento da emergência de saúde pública de importância internacional decorrente do coronavírus responsável pelo surto de 2019.

1.1 O período de pandemia da Covid-19: agravamento da crise do capital e os impactos no Ensino Superior

O contexto pandêmico desvelou ainda mais as diversas expressões da desigualdade social com as quais convive a população brasileira, sobretudo quando passou o isolamento a ser uma medida de proteção sanitária. Isso ocorre pelo fato de não ser possível para a classe trabalhadora realizar os cuidados primários necessários para proteção da contaminação pelo novo coronavírus. Yazbek *et al.* afirmam que

> [...] essa crise não atingirá todos(as) da mesma maneira: novamente, os segmentos mais pauperizados da classe trabalhadora, em geral negros e negras, Lgbtqi+, serão aqueles que pagarão o preço mais alto. Para muitos, o preço pago foi da própria vida ou a de seus familiares, mortos pela Covid-19[29].

É verdade que a pandemia encontrou o mundo em meio a uma profunda crise política e econômica, conforme ressaltam Bezerra e Medeiro, "torna-se alarmante a ideia de que a chamada 'crise da pandemia' está sendo considerada como causa da crise do emprego e da miséria, maquiando as evidências dos efeitos destrutivos da ordem do capital[30]". No caso brasileiro, de forma especial, a pandemia agravou a crise econômica do país que voltou para o mapa da fome. A partir do golpe de 2016[31], as políticas sociais sofreram significativos ataques, em especial com a diminuição do orçamento público, materializado, principalmente, pela Emenda Constitucional de n.º 95, Teto de Gastos Públicos[32], que congela o orçamento por 20 anos. O desmantelamento das políticas sociais no governo Temer, expresso pelos cortes de orçamento, intensificou-se ainda mais no governo de Jair Bolsonaro. Os

---

[29] YAZBEK, Maria Carmelita *et al.* A conjuntura atual e o enfrentamento ao coronavírus: desafios ao Serviço Social. *Revista Serviço Social & Sociedade*, São Paulo, n. 140, p. 5-12, jan./abr. 2021.

[30] BEZERRA, Angélica Luiza Silva; MEDEIROS, Milena Gomes. Serviço Social e Crise Estrutural do Capital em Tempos de Pandemia. *Revista Temporalis,* Brasília, n. 41, p. 53-69, jan./jun. 2021, p. 55.

[31] Em 12/05/2016, houve no Brasil uma mudança de governo com afastamento de 180 dias da então presidenta Dilma Rousseff e abertura de processo de *impeachment*. Nessa data, seu vice, Michel Temer, assume a presidência. Em 31/08/2016 se consuma o golpe, quando o Senado, por 61 votos a 20, derruba a presidenta Dilma por crimes de responsabilidade na conduta financeira do governo. Em 21 de agosto de 2023, o Tribunal Regional Federal da 1ª Região confirmou a decisão da 7ª Turma Especializada do Tribunal Regional Federal 2ª Região de 2022, de arquivar uma ação de improbidade contra a ex-presidenta Dilma Rousseff no caso das supostas "pedaladas fiscais", usadas como pretexto para o processo de impeachment. A decisão confirma a anulação do processo decorrente de ação popular contra Dilma por supostos danos financeiros no caso das supostas "pedaladas".

[32] O Congresso Nacional promulgou, no dia 15/12/2016 a Emenda Constitucional n.º 95, que estabelece Teto de Gastos Públicos. Encaminhada pelo governo de Michel Temer ao Legislativo com o objetivo de equilíbrio das contas públicas por meio de um rígido mecanismo de controle de gastos com despesas primárias.

impactos negativos se expressam na gestão das políticas pela precarização das políticas sociais, além da privatização de serviços, com uma reforma da Previdência e Trabalhista que aniquila direitos do trabalho.

Como consequência da crise já instalada em nosso país, ainda mais agravada pelo contexto pandêmico, o desemprego e o aumento do trabalho informal crescem. Para Bezerra e Medeiros[33], os efeitos da crise não se limitam à dimensão econômica, mas atingem os processos sociopolíticos institucionais e a singularidade da vida cotidiana, atingindo além da esfera econômica, as esferas social, cultural e política. Para as autoras:

> O atual momento histórico é expresso pela pandemia da Covid-19, considerado inédito na história dos homens por seus impactos serem manifestos nos sistemas de saúde, mas pela repercussão na vida de setores mais vulnerabilizados da sociedade, escancarando os problemas estruturais do sistema do capital com a disseminação da instabilidade econômica no mundo. Apesar de não ser a primeira pandemia da história, tem se apresentado como a mais brutal por sua dimensão catastrófica sem precedentes. Além de estratégias para a contenção do vírus, a economia mundial em recessão torna-se uma barreira para o objetivo central do capital, exigindo novos ajustes[34].

Olhando de modo específico para a educação, e, mais especificamente ainda, para o ensino superior, houve a necessidade de readequação em vários aspectos. Instituições de ensino superior de todo o mundo foram afetadas pela pandemia da Covid-19. O prolongamento das medidas de distanciamento físico entre as pessoas e pelas medidas de controle sanitário impôs a adaptação do ensino presencial ao formato remoto. Atitude que exigiu muito planejamento e alterou profundamente as condições de estudantes e professores. A partir da necessidade de isolamento imposta pela pandemia, assistimos a um cenário de forte flexibilização na Educação:

> [...] flexibiliza-se tudo: financiamento, gestão, currículos, modalidade de ensino, conteúdo formativo e papel docente. [...] a educação terciária está permeada e, por isso mesmo, catapultada, por uma alteração estrutural no processo pedagógico: o Ensino Remoto Emergencial (ERE)[35].

[33] BEZERRA; MEDEIROS, 2021.

[34] BEZERRA; MEDEIROS, 2021, p. 57.

[35] BARBOSA, Marina. Educação Superior e Universidades em tempos de pandemia: alguns apontamentos. *In:* ABEPSS. *A Formação em Serviço Social e o Ensino Remoto Emergencial.* 2021, p. 12.

A realidade imposta pelo contexto pandêmico trouxe expressivas consequências às relações de trabalho e educação. Salas de aula foram concentradas e compactadas em aparelhos, como computadores e celulares, e o ambiente de casa passou a ser multifacetado. Sobrecarga de trabalho, adoecimento de professores e estudantes, diminuição na qualidade do ensino nesse período foram constatados. Evasão escolar, desistências, trancamento de matrículas, além de redução de ingresso nas universidades públicas.

A ABEPSS, ainda em 2020, publicou nota em 23/06/2020 alertando que

> [...] as propostas de Ensino Remoto Emergencial (ERE) apresentadas nas universidades do Brasil possuem visíveis fragilidades em suas bases legais e em seus pressupostos pedagógicos e de planejamento das atividades de ensino, acentuando as tendências à improvisação e à desqualificação do processo, responsabilizando individualmente a docentes e discentes por garantir o processo de aprendizagem[36].

O cenário não foi alterado com o passar dos anos de pandemia. O que foi possível perceber é que o contexto pandêmico expressa os impactos decorrentes da crise estrutural do capital, agudizadas pela crise sanitária da pandemia de Covid-19. Os impactos da pandemia no ensino superior não se limitam a esse período. Hoje, em 2023, vivenciamos as repercussões dessas flexibilizações e adequações e, muitas vezes, sua naturalização, mesmo após o retorno presencial das universidades[37].

É nessa conjuntura em que serão desenvolvidas as ações da ABEPSS gestão "Aqui se respira luta" do biênio 2021-2022, centralizadas no enfrentamento às demandas decorrentes do ERE e às suas consequências para a formação profissional em Serviço Social no Brasil.

1.2 A região Sul I da ABEPSS e o estado do Paraná na trajetória da entidade: sintonia e particularidades

A organização política da categoria foi uma das dimensões fundamentais para se conquistar a hegemonia do Projeto Ético-Político do Serviço Social na década de 1990 e é, ainda hoje, um relevante espaço de luta pela direção social construída pelo Serviço Social nos últimos 40 anos.

---

[36] ABEPSS. *Notícias*. Trabalho e Ensino Remoto Emergencial. 23/06/2020. Ensino e o trabalho remotos não podem se dar à revelia de um debate que seja construído de maneira coletiva. 2020.

[37] A partir da vacinação, a pandemia e o número de contaminação e mortes em decorrência da Covid-19 foram controlados, possibilitando em 2022 o retorno gradativo das atividades presenciais nas universidades brasileiras.

A ABEPSS, juntamente ao Conjunto CFESS/CRESS – Conselho Federal de Serviço Social e Conselhos Regionais de Serviço Social – e à Executiva Nacional dos Estudantes de Serviço Social (ENESSO) forma um coletivo que efetiva inúmeras ações que visam fortalecer o exercício e a formação profissional nessa direção. Essas entidades "têm se constituído, portanto, lócus de debates teóricos-políticos e lutas que põem em cena os limites e contradições da ordem do capital, contribuindo, dessa forma, para a construção do projeto ético-político profissional[38]".

A ABEPSS – Associação Brasileira de Ensino e Pesquisa em Serviço Social – é uma entidade Acadêmico-Científica que coordena e articula o projeto de formação em serviço social no âmbito da graduação e pós-graduação. Dentre os seus princípios fundamentais está a defesa da universidade pública, gratuita, laica, democrática, presencial e socialmente referenciada.

A entidade foi criada em 10 de outubro de 1946, como ABESS – Associação das Escolas de Serviço Social –, como um espaço de diálogo entre as escolas, cujo objetivo era alinhar os conteúdos dos currículos em torno de padrões mínimos. Nesse momento, a ABEPSS atuava no âmbito da graduação e os debates e demandas surgidos a partir da criação dos programas de pós-graduação em Serviço Social[39] eram direcionados ao CEDEPSS – Centro de Documentação e Pesquisa em Políticas Sociais e Serviço Social.

A partir do acúmulo vivenciado pelas entidades nas décadas de 1980 e 1990 e do entendimento acerca da indissociabilidade entre ensino, pesquisa e extensão e da articulação entre graduação e pós-graduação, aliada à necessidade da explicitação da natureza científica da entidade, em 1996 a então ABESS passa a se denominar ABEPSS – Associação Brasileira de Ensino e Pesquisa em Serviço Social.

De acordo com o estatuto vigente da ABEPSS, suas finalidades são:

> Art. 2° – A Abepss tem como finalidades: I – propor e coordenar a política de formação profissional na área de Serviço Social que associe organicamente ensino, pesquisa e extensão

[38] RAMOS, Sâmia Rodrigues. *A mediação da organização política na (re)construção do projeto profissional*: o protagonismo do Conselho Federal de Serviço Social. 2005. p. 69 a 96. Tese (Doutorado em Serviço Social) – Centro de Ciências Sociais Aplicadas, Universidade Federal de Pernambuco, Recife – PE, 2005.

[39] O primeiro curso de pós-graduação em Serviço Social no Brasil foi instituído em 1972 pela Pontifícia Universidade Católica do Rio de Janeiro/PUC-Rio, seguido da Pontifícia Universidade Católica de São Paulo/PUC-SP no mesmo ano, e o primeiro curso de doutorado em Serviço Social da América Latina foi instituído em 1981 pela PUC-SP.

> e articule a graduação com a pós-graduação; II – fortalecer a concepção de formação profissional como um processo que compreende a relação entre graduação, pós-graduação, educação permanente, exercício profissional e organização política dos assistentes sociais; III – contribuir para a definição e redefinição da formação do assistente social na perspectiva do projeto ético-político profissional do Serviço Social na direção das lutas e conquistas emancipatórias; IV – propor e coordenar processos contínuos e sistemáticos de avaliação da formação profissional nos níveis de Graduação e Pós-Graduação; V – estimular intercâmbios e colaborações nacionais e internacionais entre as Unidades de Formação Acadêmica, grupos de pesquisa, pesquisadores, entidades representativas da categoria dos assistentes sociais; VI – promover articulação entre associações acadêmicas e científicas congêneres; VII – apoiar iniciativas de criação de Programas de Pós-Graduação na área de Serviço Social no país; VIII – acompanhar o processo de autorização, reconhecimento e renovação dos cursos de Graduação e Programas de Pós-Graduação; IX – fomentar e estimular a formação e consolidação de grupos de pesquisa nas universidades e/ou outras instituições voltadas para a pesquisa; X – estimular a publicação da produção acadêmica na área de Serviço Social e assegurar a publicação semestral da Revista Temporalis como revista nacional da Abepss; XI- divulgar cadastro de pesquisadores em Serviço Social; XII – promover eventos acadêmico-científicos na área do Serviço Social; XIII – manter atualizadas as subáreas de conhecimento e especialidades em Serviço Social nos órgãos de fomento à pesquisa adequando-as aos eixos temáticos de orientação acadêmico-científica definidos no âmbito da Abepss; XIV – representar e defender os interesses da área de Serviço Social, nas agências de fomento no que se refere ao ensino, pesquisa e extensão; XV – fortalecer a concepção de ensino de graduação presencial, denso, crítico, laico e numa perspectiva de totalidade[40].

Conforme informações institucionais[41], a ABEPSS é dividida em 6 regionais, cuja composição não é a mesma da divisão geográfica do Brasil, ainda que a nominação seja semelhante: Norte, Nordeste, Centro Oeste, Leste, Sul II e Sul I. A regional Sul 1 é composta pelos estados do Paraná, Santa Catarina e Grande do Sul.

---

[40] ABEPSS. *Estatuto da ABEPSS*, 2008, p. 1

[41] Informações disponíveis no site oficial da Abepss. Disponível em: https://www.abepss.org.br/gestao-e-organizacao-8. Acesso em: 14 fev. 2023.

A vinculação das escolas da região à ABEPSS ocorre organicamente desde o surgimento da entidade. A 1.ª escola de Serviço Social da região Sul I foi a PUCPR em 1944, depois em 1945 a Escola de Serviço Social de Porto Alegre (ESSPA), que posteriormente foi vinculada à PUCRS em 1948, e em 1958 a escola de Serviço Social de Florianópolis, que em 1960 foi agregada à UFSC, configurando-se como o 1.º curso de Serviço Social em uma UFA pública da região e o único federal até 2006[42].

A partir da década de 1960 houve um crescimento de cursos na região, públicos e privados, nos 3 estados. Até 1999 a região contava com 15 cursos de graduação nos 3 estados. Nos anos 2000, como é sabido, tivemos o *boom* dos cursos de Serviço Social em todo país. Não foi diferente com a região SUL I, mais que dobrou o número de cursos, chegando à marca de 42 cursos em UFAs presenciais na região.

No entanto, conforme dados das autoras, o período de maior aumento desses índices foram os anos de 2005 a 2015, incentivados pela Política de Expansão do Ensino Superior, com PROUNI, REUNI, FIES e a criação de cursos na modalidade a distância, a região Sul I chegou a contar com 115 UFAs, sendo 52 no Paraná, 30 em Santa Catarina e 33 no Rio Grande do Sul.

Nos últimos anos, esse cenário foi alterado. Tivemos uma diminuição de cursos, alguns encerraram as atividades por ausência de turmas e muitas UFAs presenciais tornaram-se à distância. Atualmente a região Sul I conta com aproximadamente[43] 30 cursos de Serviço Social presenciais. Destas, 16 estão no Paraná, 3 em Santa Catarina e 11 no Rio Grande do Sul. Das 30 unidades, 11 são privados, 7 confessionais/comunitários ou fundações e 15 são públicas. Desse universo de UFAs presenciais, temos 14 filiadas à ABEPSS.

A região possui um número expressivo de UFAs públicas, mas também temos uma quantidade significativa de polos à distância, os quais somam mais de 50 cursos na região. Outra particularidade da região é a quantidade de universidades estaduais e municipais. O Paraná conta com 7 universidades estaduais, com campi em diversas cidades espalhadas pelo interior, fruto

[42] LUSA, Edinaura; BRAGA, Andrea Luiza Curralino; VIANA, Bruna Viviani; COELHO, Kathiuscia Aparecida Freitas Pereira Coelho; PORTES, Melissa; SECON, Mileni Alves; SIQUEIRA, Rosangela Bujokasde Siqueira; GODOI, Sueli; MIRANDA, Vitoria de Lara. *Fórum de Supervisão de Estágio em Serviço Social do Paraná:* Rearticulação coletiva e defesa da formação e do trabalho profissional.

[43] Esse dado é aproximado porque ainda existem algumas Unidades de Formação Acadêmica que eram presenciais e estão tornando o curso à distância, estão encerrando as últimas turmas presenciais.

de negociações políticas do estado[44]. Por conta da localização geográfica de fronteira, o Paraná possui ainda 1 universidade Federal de Integração Latino-Americana, a Unila, localizada em Foz do Iguaçu.

Em relação à pós-graduação, o 1.º programa de pós surgiu em 1977 na PUCRS com o mestrado e em 1998 o doutorado. Nos anos 2000 foram abertos três novos programas de pós-graduação: na UFSC o mestrado em 2001 e o doutorado em 2011; na UEL, o mestrado em 2001 e o doutorado em 2011; na UCPEL o mestrado em 2006 e o doutorado em 2014. Hoje a região SUL I possui seis programas de pós: dois no Paraná (UEL e Unioeste campus de Toledo), um em Santa Catarina (UFSC) e três no Rio Grande do Sul (UCPEL, PUCRS e UFRGS); destes, quatro com doutorado.

A Região Sul I é uma região relativamente pequena geograficamente, composta por apenas três estados: Paraná, Santa Catarina e Rio Grande do Sul, mas uma região com um número significativo de escolas, de cursos de graduação e pós-graduação. Nos 77 anos de existência da ABEPSS, a região esteve envolvida em diversos marcos históricos da profissão e da entidade. A história da região é a história da ABEPSS, com suas idiossincrasias. Especificamente no Paraná, destacamos a realização da XXVIII Convenção Nacional da então ABESS realizada em Londrina-PR em 1993 e que deliberou pela revisão do currículo de 1982, na gestão da Profa. Lídia Maria Monteiro da Silva, presidente da ABESS e docente da UEL, no Paraná. Ocasião a qual culminou nas atuais Diretrizes Curriculares da ABEPSS de 1996.

Aliás, esse tem sido o desafio permanente da ABEPSS, acompanhar a implantação das Diretrizes Curriculares frente a um cenário regressivo de direitos e de grande inserção do capital financeiro na educação, que tem promovido um amplo processo de precarização da formação e do trabalho profissional[45]. Como forma de enfrentamento a esse processo, a atuação da entidade busca propiciar ações que desenvolvam um processo de formação continuada atingindo docentes, discentes e supervisores de estágio.

A entidade vem ao longo da sua trajetória investindo em debates, fóruns, eventos, rodas de conversas, cursos, entre outras atividades, na esfera da graduação e da pós-graduação, que se configuram como estratégias no

[44] Sobre o processo de interiorização das universidades no Paraná, ver: RAIHER, Augusta Pelinski (org.). *As universidades Estaduais do Paraná e o desenvolvimento regional*. Disponível em: https://www5.unioeste.br/portalunioeste/arq/files/PGDRA/as-universidades-estaduais-e-o-desenvolvimento-regional-do-parana-426256.pdf. Acesso em: 12 dez. 2022.

[45] ABEPSS. *Curricularização da Extensão e Serviço Social*, 2022.

fortalecimento da formação profissional de maneira a assegurar a implementação das Diretrizes e a reafirmação da direção social do Serviço Social.

Nesse sentido, o presente artigo apresenta as atividades realizadas, os desafios enfrentados e as estratégias desenvolvidas pela ABEPSS no período da pandemia, em especial, desenvolvidas pela gestão "Aqui se Respira Luta" biênio 2021/2022 na regional Sul I.

1.3 "Aqui se respira luta!": os desafios enfrentados pela gestão da ABEPSS biênio 2021-2022 na região Sul I e no Paraná

Diante do contexto supracitado e os desafios decorrentes do período pandêmico, acompanhar os desdobramentos do ERE – Ensino Remoto Emergencial – no âmbito da graduação e da pós-graduação foi uma das prioridades dessa gestão. As regionais da ABEPSS foram requeridas a realizar Rodas de Conversas sobre o ERE e o estágio com as UFAs a fim de debater a minuta do documento "A Formação em Serviço Social e o Ensino Remoto em Emergencial"[46]. A regional Sul I realizou Rodas de Conversa por estado. No Paraná, em parceria com o CRESS PR e a ENESSO, foram realizadas 4 Rodas de Conversa[47] com os sujeitos envolvidos nesse processo: coordenadores de curso e estágio das UFAs; supervisores de estágio acadêmicos e de campo; estudantes; e, por fim, uma Roda de conversa com todos os sujeitos, em que foi feita a síntese das discussões e encaminhamentos, bem como apresentado o mapeamento do estágio no PR durante a pandemia[48]. Nessa ocasião, foi (re)articulado o Fórum de Supervisão de Estágio do Paraná, o qual foi protagonista nas discussões do estágio nesse período e que se reúne mensalmente, desde então.

As Rodas de conversa foram muito importantes para envolver as UFAs e promover a sua participação na formulação de respostas às demandas do ERE e do estágio supervisionado. O contexto de acirramento da pre-

---

[46] Em 2021 foi publicado pela ABEPSS um documento intitulado: *A Formação em Serviço Social e o Ensino Remoto Emergencial*, o qual apresentou o mapeamento dos impactos da modalidade Remota do ensino na área de Serviço Social.

[47] As Rodas de Conversa sobre o ERE e o Estágio do Paraná foram realizadas nas seguintes datas: 16/06/2021 com os coordenadores de curso e estágio das UFAs; 23/06/2021 com os supervisores de estágio acadêmicos e de campo; 30/06/2021 com os estudantes; e 09/07/2021 com todos os sujeitos.

[48] Os dados apresentados referem-se ao mapeamento realizado pela comissão de estágio do Fórum em Defesa do Trabalho e da Formação de Qualidade em Serviço Social, composta pelos seguintes membros: Alzira Lewgoy (Docente da Ufrgs); Bruna Viviani Viana (Agente Fiscal do Cress PR); Cleide Gessele (Conselheira Cress SC); Elisa Benedetto (Conselheira Cress RS); Géssica Lopes (BIC-Ufrgs); Inez Zacarias (Representante Abepss); Kathiuscia de Freitas Coelho (Docente da UEL e membro Cofi Cress PR) e Larissa de Souza (Representante da Enesso).

carização da formação na pandemia e as dificuldades na manutenção do estágio supervisionado conforme as Diretrizes da Abepss de 1996 geraram angústias e muitos questionamentos das UFAs à ABEPSS no que tange à sua operacionalização. Possibilitar um espaço de escuta, reflexão e construção de estratégias coletivas foi fundamental no enfrentamento dos tantos dilemas e desafios colocados à formação em Serviço Social nesse momento.

O monitoramento do eixo da graduação da gestão destaca o debate e a articulação sobre o Estágio Supervisionado na região. Além das Rodas de Conversa sobre o ERE/Estágio, a ABEPSS realizou o debate do documento sobre os Parâmetros para organização dos Fóruns de Supervisão de Estágio da ABEPSS[49], palestras nos Fóruns Locais de Supervisão de Estágio das UFAS e oficina com supervisores de campo de estágio sobre o projeto de trabalho profissional[50].

No que se refere à articulação entre os fóruns, foram muitas atividades que envolveram sua organização e rearticulação nos três estados. Como já mencionado, no Paraná as atividades do Fórum Estadual de Supervisão foram as mais intensas, realizadas mensalmente, durante os dois anos de gestão e que seguem ainda essa configuração atualmente. Ao ser rearticulado no Paraná, o Fórum constituiu uma coordenação colegiada[51], formada pelas três entidades ABEPSS, CRESS PR e ENESSO, representantes de UFAs de todas as regiões do estado, supervisores de campo de estágio e estudantes. Essas reuniões possibilitaram a realização

[49] Documento publicado pela Abepss intitulado: *Parâmetros de Organização dos Fóruns de Supervisão de Estágio em Serviço Social*. Disponível em: https://www.abepss.org.br/noticias/confira-documento-com-os-parametros-para-organizacao-dos-foruns-de-supervisao-de-estagio-em-ss-276. Acesso em: 12 jan. 2023.

[50] A atividade contou com a palestra da professora Berenice Rojas Couto e mediação da representante dos supervisores de estágio da ABEPSS na região, Suellen Bezerra Alves Keller.

[51] A coordenação do Fórum de Supervisão de Estágio do Paraná está constituído da seguinte forma: Edinaura Luza, docente da Universidade Estadual de Maringá – Campus Regional do Vale do Ivaí (UEM/CRV) –, na condição de coordenadora geral; Kathiuscia Coelho, docente da Universidade Estadual de Londrina (UEL) e vice-presidente da ABEPSS Sul I; Andrea Braga, docente da Pontifícia Universidade Católica do Paraná (PUC/PR) e presidente do CRESS/PR; Bruna Viana, agente fiscal do CRESS/PR Seccional Londrina; Vitória de Lara Miranda, estudante da Universidade Federal do Paraná – Campus Litoral (UFPR Litoral) – e coordenadora regional da Executiva Nacional de Estudantes de Serviço Social (Enesso) Região VI; Luana Portela, estudante da UFPR Litoral e representante discente na ABEPSS Sul I; Argéria Maria Serraglio Narciso, supervisora de campo no Hospital Universitário de Londrina; Cristiane Konno, docente da Universidade Estadual do Oeste do Paraná – Campus Toledo (Unioeste Toledo) –; Melissa Ferreira Portes, docente da UEL; Mileni Secon, supervisora de campo na Secretária Municipal de Assistência Social de Londrina; Robson Oliveira, docente da UFPR Litoral; Rosângela Bujokas de Siqueira, docente da Universidade Estadual do Centro do Paraná (Unicentro); Sueli Godoi, docente da Universidade Estadual do Paraná – Campus Paranavaí (Unespar Paranavaí) – e William da Maia, estudante da Universidade Estadual de Ponta Grossa (UEPG). Também fez parte da composição inicial a então docente da Unicentro Cristiane Sonego, cuja saída abrupta deu-se em dezembro de 2021, em razão de seu falecimento.

anual de Encontros Estaduais de Supervisão de Estágio do PR, bem como a publicação de um artigo científico apresentado no XVII CBAS – Congresso Brasileiro de Assistentes Sociais[52].

Uma das estratégias de comunicação para fortalecer o debate do estágio na região foi a criação de grupos de WhatsApp para o contato com as comissões dos Fóruns de Supervisão dos três estados, bem como grupos para os supervisores acadêmicos e de campo e para o Fórum Regional de Supervisão. Outra iniciativa relevante acerca do estágio no período foi a realização do mapeamento dos fóruns locais de Supervisão de Estágio do Paraná, o qual foi desenvolvido com apoio do CRESS PR. É imperioso destacar a expressiva adesão e participação dos supervisores de campo e estagiários nos referidos debates e espaços. Isso se apresentou como um diferencial da gestão.

Os desafios postos pela conjuntura pandêmica marcaram a gestão da ABEPSS no biênio 2021-2022. Mas nesse período, as entidades da categoria tiveram que enfrentar, além dos desdobramentos da pandemia, os retrocessos do governo de Jair Bolsonaro (2019-2022). A política ultra neoliberal e a exacerbação do pensamento conservador incidiram diretamente no projeto de formação profissional do Serviço Social.

É inconteste os prejuízos do ERE para o projeto de formação do Serviço Social defendido pela ABEPSS. O mapeamento e as atividades realizadas para discussão possibilitaram identificar aspectos como: transposição de aulas presenciais para virtuais, sem apoio pedagógico e estrutura adequada ocasionando o esvaziamento do processo de ensino-aprendizagem; a desvinculação do tripé ensino-pesquisa-extensão; a perda do diálogo e do debate coletivo; a redução do conteúdo programático sem o seu devido aprofundamento; a perda de espaços de interação entre estudantes e professores; o aligeiramento da formação; a desconfiguração da concepção de estágio e supervisão prevista na PNE – Política Nacional de Estágio –; entre outros.

Acompanhar os impactos dessa conjuntura para o Serviço Social foi tarefa central para as entidades. Para a ABEPSS, foi prioridade o monitoramento do ERE e uma das estratégias foi discutir os Projetos Pedagógicos dos Cursos na 6.ª Edição do Projeto ABEPSS Itinerante. A temática proposta

[52] O XVII CBAS – Congresso Brasileiro de Assistentes Sociais – ocorreu de forma remota de 11 a 13 de outubro e teve como tema: "Crise do Capital e exploração do trabalho em momentos pandêmicos: Repercussão no Serviço Social, No Brasil e na América latina". Artigo disponível em: http://www.cbas.com.br/public/plugins/elfinder/files/TRABALHOS/Servi%C3%A7o%20Social%2C%20Fundamentos%2C%20Forma%C3%A7%C3%A3o%20e%20Trabalho%20Profissional.pdf. Acesso em: 1 mar. 2023.

para essa edição do Projeto foi "Questão Social, 25 anos das Diretrizes Curriculares e os Projetos Pedagógicos dos Cursos de Serviço Social", e teve por objetivo fortalecer os projetos pedagógicos dos Cursos de Serviço Social presenciais e as estratégias político-pedagógicas de enfrentamento à precarização do ensino superior, por meio da difusão ampla das diretrizes curriculares da ABEPSS. Conforme relatório de avaliação do eixo de graduação da ABEPSS, essa estratégia foi importante, especialmente em um contexto de curricularização da extensão – momento em que grande parte dos cursos se encontra envolvida nas revisões dos PPCs.

No Paraná, em parceria com o CRESS e ENESSO, o Encontro reuniu escolas filiadas e não filiadas que puderam debater as dificuldades e impactos do ERE, do estágio, da curricularização da extensão, bem como socializar experiências e estratégias. O debate ainda foi subsidiado pela realidade particular do estado do Paraná e do processo de implementação da LGU – Lei Geral das universidades[53] –, que representa um ataque à concepção de educação pública, gratuita, laica e socialmente referenciada e o acirramento da mercantilização da educação e da precarização da formação profissional no estado.

Os Encontros tiveram como suporte as respostas do formulário on-line encaminhado para todas as UFAs. O retorno desses formulários foi avaliado como extremamente positivo, pois obtivemos o retorno de 94% das UFAs da região. Com as respostas dos formulários foi possível elaborar previamente um material de análise das UFAs, organizado pelas facilitadoras[54], e da mesma forma qualificar o debate e proposições dos Encontros.

A curricularização da extensão[55] foi outro tema recorrente no período em questão. A ABEPSS e o CRESS PR, principalmente por meio da CT de Trabalho e Formação, foram requeridos por diversas vezes pelas UFAs com o intuito de elucidar questões polêmicas desse processo. As polêmicas foram apresentadas no documento publicado pela ABEPSS "Curricularização

---

[53] LGU – Lei Geral das Universidades. *Lei n. 20933 de 17 de dezembro de 2021.* Disponível em: https://leisestaduais.com.br/pr/lei-ordinaria-n-20933-2021-parana-dispoe-sobre-os-parametros-de-financiamento-das-universidades-publicas-estaduais-do-parana-estabelece-criterios-para-a-eficiencia-da-gestao-universitaria-e-da-outros-provimentos. Acesso em: 1 mar. 2023.

[54] Foram facilitadoras da 6.ª Edição do projeto ABEPSS Itinerante na região Sul I, as professoras Tatiana Reidel e Mailiz Lusa.

[55] A curricularização da extensão é o processo de tornar as atividades de extensão parte obrigatória da carga horária dos cursos de graduação. Essa diretriz surge da Resolução n.º 7, de 18 de dezembro de 2018, do Ministério da Educação (MEC), Conselho Nacional de Educação (CNE) e Câmara de Educação Superior (CES).

da Extensão e Serviço Social"[56] e debatidas com a categoria e escolas. Os "nós" da legislação que exige a incorporação da extensão nos currículos referem-se principalmente à concepção de extensão; ao cômputo da carga horária docente – de forma a não se configurar como mais uma forma de precarização do trabalho docente –; à necessidade de especificar quais atividades serão consideradas extensão; às fontes de financiamento e à relação entre estágio e extensão e atividades complementares e extensão. Importante ressaltar que a ABEPSS no referido documento explicita uma concepção de extensão

> [...] popular, comunicativa e orientada para os processos de uma educação emancipatória de maneira a evidenciar que esta concepção fortalecer o projeto de formação profissional que defendemos, fortalecendo também a própria universidade para cumprir sua função social junto a sociedade[57].

A urgência para a adequação à referida normativa[58] mobilizou as UFAs e entidades do estado e o debate foi realizado na região em diversos espaços, por meio de Rodas de Conversa[59], como atividade integrante da Oficina Regional da ABEPSS[60], como uma das pautas do Fórum em Defesa do Trabalho e da Formação de Qualidade em Serviço Social[61] e por meio do mapeamento da situação das UFAs da região Sul I no processo de adequação à legislação. Essas ações provocaram a apresentação desse debate e

---

[56] A gestão da ABEPSS 2019-2020, "Resistir e Avançar na Ousadia de Lutar", criou uma Comissão Temporária de Trabalho (CTT) para conhecer as experiências que já estavam em processo e elaborar um documento preliminar como subsídio para o debate entre as Unidades de Formação Acadêmica (UFAs) e a ABEPSS. A gestão da ABEPSS 2021-2022, "Aqui se Respira Luta", dando continuidade ao trabalho em curso, propôs um debate junto as UFAs no intuito de orientar o processo e reafirmar os princípios das Diretrizes Curriculares e do projeto de formação profissional. A regionais da ABEPSS desenvolveram debates envolvendo as UFAs e agora divulgamos o documento preliminar como o documento final sobre a curricularização da extensão e Serviço Social.

[57] ABEPSS, 2022, p. 37.

[58] A data limite para implantação da extensão nos currículos dos cursos de graduação das IES brasileiras, entre outros dispositivos da Resolução, passa a ser 19 de dezembro de 2022.

[59] A Roda de conversa que debateu o documento publicado pela ABEPSS no Paraná foi realizada, mais uma vez, em parceria com as demais entidades, CRESS PR e ENESSO no dia 13 de agosto de 2021, com expressiva participação.

[60] A atividade foi realizada no dia 7 de outubro de 2021 e contou com a socialização da experiência de adequação à normativa já realizada pela FURB – Fundação Universidade Regional de Blumenau –, feita pelas professoras Dr.ª Claudia Sombrio Fronza e a Me. Marilda Angioni, e a apresentação do mapeamento da região Sul I e síntese das rodas de conversa realizadas nos estados do Paraná, Santa Catarina e Rio Grande do Sul.

[61] No dia 28 de julho de 2022 em Porto Alegre, como atividade integrante do Encontro Descentralizado do conjunto CFESS/CRESS da região Sul, o FDTFQ realizou 3 Rodas de Conversa, sendo: 1: *Ações Afirmativas e Lei de Cotas no Ensino Superior* (Convidada: Loiva Mara de Oliveira Machado); 2: *Curricularização da Extensão nos cursos de Serviço Social* (Convidada: Kathiuscia Aparecida Freitas Pereira Coelho); e 3: *Estágio de Pós-Graduação em Serviço Social* (Convidada: Sílvia Tejada).

dos resultados do mapeamento em artigo científico[62] apresentado no XXIII Seminário Latino-americano e do Caribe de Escolas de Serviço Social da ALAEITS realizado em 2022 no Uruguai.

Num contexto de crise do capital, agravada pela crise sanitária gerida por um governo genocida, como nos lembra Barbosa[63], alguns inimigos são eleitos pela classe dominante e por esse governo, em particular, no Brasil. Um inimigo declarado neste país, não é de hoje, é a educação pública. A autora nos suscita a disputa cultural e ideológica da concepção de educação.

> Por que a educação pública é inimiga? Por ser um filão de lucratividade para o capital, então, ela precisa ser desmoralizada para ser entregue ao setor privado [...] E, principalmente, porque é na educação pública onde se gesta a possibilidade da contestação, do pensar, da construção de sínteses a partir dos conflitos, da racionalidade a partir da história humana e do humanismo[64].

Quando falamos de pós-graduação é preciso ainda dizer que a forma como o governo enfrentou a pandemia colocou em questão a própria ciência. A realidade da pós-graduação foi extremamente atacada e desmontada pelo governo Bolsonaro, colocando para a ABEPSS a necessidade de inúmeros encontros sobre a situação da pós-graduação em Serviço Social em todo o país.

A regional Sul I contribuiu no mapeamento da situação dos programas de pós-graduação nesse período e realizou reuniões e fóruns discentes de pós-graduação. É nítido o protagonismo discente da regional sobre os debates que marcaram a pós-graduação na gestão da ABEPSS, em especial o debate étnico-racial, o estágio na pós-graduação, o fortalecimento do movimento discente na pós-graduação, a participação nos estudos e análises do ERE, articulação junto aos docentes e aos discentes da PUCRS sobre o fechamento do PPG, entre outros.

Para o ano de 2022, foi possível realizar um encontro com os PPGSS – Programas de Pós-Graduação em Serviço Social – da regional Sul I, garantindo um momento de reflexão e debate sobre a direção social da pós-graduação no Brasil e os desafios que se colocam aos PPGs. Um dos

---

[62] Artigo de autoria de Kathiuscia Ap. Freitas Pereira Coelho, Monique Damascena e Diego Tabosa. Disponível em: https://alaeits2022.opc.uy/es/programa/extendido/facultad-de-ciencias-sociales/2022-11-21/d2. Acesso em: 1 mar. 2023.

[63] BARBOSA, 2021.

[64] BARBOSA, 2021, p. 9-10.

avanços foi pensar uma maior articulação com os PPGs de PPGSS da região Sul e articulação de pesquisas e discussões a partir das agências de fomento.

A gestão da ABEPSS "Aqui se Respira Luta" iniciou sua gestão já num contexto de pandemia, o que exigiu readequar suas atividades, ações e objetivos conforme as possibilidades expostas. Uma das estratégias que teve importante repercussão foi o investimento na **comunicação**. Nesse período foi elaborada a "Política de Comunicação da Abepss[65]" a partir de contribuições das regionais[66], escolas e entidades, a qual apresenta a síntese desse processo de debate, o histórico da comunicação da ABEPSS, os elementos teóricos para pensarmos a comunicação e os instrumentos de comunicação da entidade. Junto à Política de Comunicação do Conjunto CFESS/CRESS[67], que está em sua 3.ª edição, os documentos configuram-se como um marco histórico para pensar a comunicação na categoria dos assistentes sociais.

Os debates sobre a política de comunicação suscitaram importantes reflexões sobre a comunicação defendida pela ABEPSS e as estratégias possíveis. Foi fundamental nesse período criar canais de comunicação próprios da regional, como grupos de *WhatsApp*, perfil no *Instagram* e mesmo canal próprio da regional no *YouTube* para transmissão dos eventos, que, decorrentes da pandemia, foram realizados em sua maioria de forma remota.

Durante a gestão "Aqui se respira luta!", no biênio 2021/2022, o diálogo entre a formação e o trabalho profissional ocorreu de forma contínua nas ações desenvolvidas pela entidade, não sendo diferente na Regional Sul I, em especial no estado do Paraná. Além dos eventos formativos voltados para os cursos de graduação e pós-graduação, houve uma aproximação profícua com as(os) assistentes sociais dos estados do Paraná, Santa Catarina e Rio Grande do Sul, especialmente com aqueles que ofertam campos de estágio na área. Por meio da criação de um canal de comunicação exclusivo com os supervisores, via *WhatsApp*, foi possível publicizar informações sobre os eventos promovidos.

A realização de uma oficina, voltada para os supervisores de campo, foi outra estratégia utilizada pela Regional Sul I para galgar afluência e contribuir

[65] A Política de Comunicação da ABEPSS está disponível em: https://www.abepss.org.br/arquivos/anexos/politica-de-comunicacao-abepss-debate-publico-202206142233236130570.pdf. Acesso em: 1 mar. 2023.

[66] A Regional Sul I da ABEPSS realizou sua Roda de conversa para debater a minuta da Política de Comunicação em parceria com os CRESS no dia 27 de junho de 2022.

[67] A Política de Comunicação do Conjunto CFESS/CRESS está disponível em: http://www.cfess.org.br/arquivos/3a-PoliticaComunicacaoCfessCress-2016.pdf. Acesso em: 1 mar. 2023.

na formação continuada das(os) assistentes sociais. A atividade promoveu a participação das(os) profissionais tendo como mote o cotidiano do trabalho. Além de um espaço importante para a reflexão da práxis profissional, essa ação possibilitou a troca de experiências a partir da particularidade da supervisão de estágio, não perdendo de vista a indissociabilidade entre as dimensões teórico-metodológica, ético-política e técnico-operativa que vincam o exercício profissional.

Não obstante, podemos sublinhar o protagonismo da ABEPSS, nesses últimos anos, em torno da articulação do Fórum Regional e dos Fóruns Estaduais de Supervisão de Estágio do Paraná, Santa Catarina e Rio Grande do Sul. Em consonância com a Política Nacional de Estágio (PNE), a participação nesses fóruns qualifica a formação acadêmica, de modo que:

> Este mecanismo de articulação tem se constituído como uma das estratégias utilizadas pelas diversas unidades de ensino, e também foi enfatizado após a deliberação do eixo de formação profissional do conjunto Cfess/Cress no ano de 2009. A incorporação dessa estratégia na PNE vem com o intuito de aglutinar docentes e profissionais e estudantes em torno das questões do estágio, como uma estratégia política de fortalecimento e permanência do debate sobre a temática, bem como a garantia de construção de alternativas comuns à qualificação do estágio em Serviço Social[68].

A articulação da ABEPSS Sul I com as demais entidades representativas da profissão – em âmbito estadual, regional e nacional – foi fundamental para entrincheirar as forças contrárias aos retrocessos experimentados pelas políticas sociais. Nesse sentido, foram realizadas reuniões com os CRESS dos 3 estados e com a ENESSO para a rearticulação do Fórum Regional em Defesa da Formação e do Trabalho Profissional com Qualidade em Serviço Social, ficando acordada uma coordenação colegiada. Houve também a participação de pelo menos um membro da gestão "Aqui se respira luta!" na Comissão de Trabalho e Formação Profissional nos CRESS do Paraná, Santa Catarina e Rio Grande Sul.

Ainda no que se refere ao intercâmbio entre as entidades, observamos que a regional Sul I participou organicamente das atividades promovidas pelos CRESS e pela ENESSO, inclusive na organização e mobilização dos eventos. Dentre elas, destacamos a presença no Encontro Nacional e Encontro Descentralizado do Conjunto CFESS/CRESS da região Sul, na reunião

[68] ABEPSS. *Política Nacional de Estágio*, 2009, p. 35.

presencial de organização do XVII Encontro Nacional de Pesquisadores em Serviço Social (ENPESS), no XVII Congresso Brasileiro de Assistentes Sociais (CBAS), e no Encontro Regional de Estudantes de Serviço Social (ERESS).

2 Considerações finais

Somos sujeitos de um determinado tempo histórico. O presente momento nos impõe um cenário de exceção, adversidades e lutas. Corroboramos as análises de que o "Serviço Social só pode ser compreendido no movimento histórico da sociedade, no complexo de processos de (re)produção das relações sociais capitalistas. Este é entendido como reprodução da totalidade da vida em sociedade, na sua processualidade[69]".

Nesse sentido, pensar a ABEPSS e sua atuação nos últimos anos nos requer situá-la num movimento histórico marcado por uma pandemia que matou quase 700 mil[70] pessoas no Brasil. Requer situar a profissão em um contexto de pandemia que não atingiu da mesma forma a sociedade brasileira, e que dentre os mortos estão em sua maioria a classe trabalhadora, negros e negras, mulheres. Requer situá-la em um contexto de pandemia que agravou ainda mais a crise econômica e política brasileira iniciada com o golpe de 2016 e agudizada pelo governo Bolsonaro. Requer ainda apreendê-la num processo de acirramento da precarização do ensino superior a partir da adesão ao ERE, da naturalização da desqualificação do processo formativo e do ataque direto à concepção de educação pública, gratuita, laica, democrática, presencial e socialmente referenciada.

A partir destas breves considerações, tecemos elementos que evidenciam que, apesar dos inúmeros desafios do período, a história da ABEPSS se faz com luta e na luta *junto aos nossos*. E esta foi a trajetória da ABEPSS no estado do Paraná nesse período: uma história de luta e enfrentamento, em estreita parceria e sintonia às demais entidades: CRESS PR e ENESSO, bem como de proximidade com as UFAs.

Mesmo diante de tantas adversidades, é possível afirmar que tivemos importantes avanços em relação às atividades propostas. O primeiro desafio, que nos foi apresentado, foi a articulação da própria gestão em meio à pandemia de Covid-19, sendo grande parte das reuniões realizada de forma remota, impossibilitando trocas e construções que são favore-

[69] YAZBEK, Carmelita; IAMAMOTO, Marilda Villela (org.). *Serviço Social na história*. América Latina, África e Europa. São Paulo: Cortez, 2019. p. 16.

[70] Dado disponível em: https://covid.saude.gov.br/. Acesso em: 19 mar. 2023.

cidas no âmbito presencial. Os demais desafios foram apresentados conforme o desenvolvimento da gestão, os quais destacamos neste capítulo: o ERE, estágio, a curricularização da extensão e os reveses evidenciados na pós-graduação.

É possível avaliar que a gestão "Aqui se respira luta", apesar de ter sido realizada em meio à pandemia, conseguiu atingir os objetivos propostos, em especial, as ações indicadas no planejamento. Aspecto de relevância foi a aproximação da entidade às escolas na região e no estado do Paraná. As UFAs participaram e construíram coletivamente à ABEPSS as ações realizadas e os enfrentamentos necessários. Possibilitar um espaço de escuta, reflexão e construção de estratégias coletivas foi fundamental no enfrentamento dos tantos dilemas e desafios colocados à formação em Serviço Social nesse momento.

No Paraná, as atividades foram efetuadas por meio da estreita articulação com a ENESSO e o CRESS PR. Essa articulação e parceria das entidades fortaleceu a categoria profissional no estado e possibilitou a ampliação e maior repercussão das ações. O *"caminhar juntos"* das entidades foi fundamental na luta pela direção social do Serviço Social em um contexto de extrema adversidade e ameaças ao Projeto Ético-Político do Serviço Social. Mas "aqui se respira luta!". A ABEPSS no Paraná respirou luta, junto a CRESS, ENESSO, UFAs e toda a categoria. Ramos[71] nos aponta que é por meio dessa articulação entre as entidades que se materializam direitos coletivos que possibilitam a manutenção da direção social desse projeto, que se vincula a um projeto societário comprometido com o fim da exploração/dominação dos seres humanos, ou seja, vinculado à emancipação humana.

A luta continua e exigirá vigilância. Os impactos do ERE ainda não foram em sua totalidade analisados, a transição do remoto para o presencial nos impõe novos, mas também antigos dilemas. Reafirmar a incompatibilidade do Serviço Social à formação à distância é tarefa urgente e necessária. Compreender as repercussões da formação, na esfera da graduação e, também, da pós-graduação, no formato remoto, ainda é desafio para as entidades e para a categoria. A precarização do trabalho e da formação, denunciada pelos sujeitos durante as atividades do período, é tarefa que se mantém. Se os desafios permanecem, a luta permanece! E nas entidades e no Serviço Social, continuaremos Respirando Luta!

[71] RAMOS, 2005.

Há homens (e mulheres) que lutam um dia e são bons, há outros que lutam um ano e são melhores, há os que lutam muitos anos e são muito bons. Mas há os que lutam toda a vida e estes são imprescindíveis.
(BERTOLD BRECHT)

REFERÊNCIAS

ABEPSS. *Parâmetros de Organização dos Fóruns de Supervisão de Estágio em Serviço Social.* 2018.

ABEPSS. *Curricularização da Extensão e Serviço Social.* [*S.l.*: *s.n.*], 2022. Disponível em: https://www.abepss.org.br/noticias/abepss-divulga-documento-sobre-a-curricularizacao-da-extensao-591. Acesso em: 3 mar. 2023.

ABEPSS. *Estatuto da ABEPSS.* [*S.l.*: *s.n.*], 2008. Disponível em: https://www.abepss.org.br/arquivos/textos/arquivo_201903221439271525620.pdf. Acesso em: 18 jul. 2023.

ABEPSS. *Política Nacional de Estágio.* [*S.l.*: *s.n.*], 2009. Disponível em: http://www.cfess.org.br/arquivos/pneabepss_maio2010_corrigida.pdf. Acesso em: 18 jul. 2023.

ABEPSS. *Trabalho e Ensino Remoto Emergencial.* [*S.l.*: *s.n.*], 2020. Disponível em: http://www.abepss.org.br/noticias/trabalho-e-ensino-remoto-emergencial-386. Acesso em: 11 jan. 2023.

BARBOSA, Marina. Educação Superior e Universidades em tempos de pandemia: alguns apontamentos. *In:* ABEPSS. *A Formação em Serviço Social e o Ensino Remoto Emergencial.* [*S.l.*: *s.n.*] 2021. Disponível em: https://www.abepss.org.br/arquivos/anexos/20210611_formacao-em-servico-social-e-o-ensino-remoto-emergencial-202106141344485082480.pdf. Acesso em: 19 jan. 2023.

BEZERRA, Angélica Luiza Silva; MEDEIROS, Milena Gomes. Serviço Social e Crise Estrutural do Capital em Tempos de Pandemia. *Revista Temporalis,* Brasília, n. 41, p. 53-69, jan./jun. 2021.

BRASIL. *Lei n.º 13.979, de 6 de fevereiro de 2020.* Dispõe sobre as medidas para enfrentamento da emergência de saúde pública de importância internacional decorrente do coronavírus responsável pelo surto de 2019. [*S.l.*], 2020. Disponível em: https://www.in.gov.br/en/web/dou/-/lei-n-13.979-de-6-de-fevereiro-de-2020-242078735. Acesso em: 14 mar. 23.

LGU – Lei Geral das Universidades. *Lei n.º 20933 de 17 de dezembro de 2021.* [*S.l.*], 2021. Disponível em: https://leisestaduais.com.br/pr/lei-ordinaria-n-20933-2021-parana-dispoe-sobre-os-parametros-de-financiamento-das-universidades-publicas-estaduais-do-parana-estabelece-criterios-para-a-eficiencia-da-gestao-universitaria-e-da-outros-provimentos. Acesso em: 3 mar. 2023.

LUSA, Edinaura *et al. Forúm de Supervisão de Estágio em Serviço Social do Paraná:* Rearticulação coletiva e defesa da formação e do trabalho profissional. Disponível em: http://www.cbas.com.br/public/plugins/elfinder/files/TRABALHOS/Servi%C3%A7o%20Social%2C%20Fundamentos%2C%20Forma%C3%A7%C3%A3o%20e%20Trabalho%20Profissional.pdf. Acesso em: 11 jan. 2023.

LUSA, Mailiz; REIDEL, Tatiana. Formação profissional na região Sul: Uma construção histórica de ousadia e sonhos, materializando no presente estratégias de enfrentamento ao cenário do ensino superior. *In: Formação e Trabalho Profissional*: Desafios, resistências e sonhos marcando coletivamente a história do sul brasileiro. Porto Alegre: PROREXT.UFRGS, Movimento, 2016.

RAIHER, Augusta Pelinski (org.). Org. *As Universidades Estaduais e o Desenvolvimento Regional do Paraná.* 1. ed. – Ponta Grossa: Editora UEPG, 2018.

RAMOS, Sâmia Rodrigues. *A mediação da organização política na (re)construção do projeto profissional:* o protagonismo do Conselho Federal de Serviço Social. 2005. p. 69 a 96. Tese (Doutorado em Serviço Social) – Centro de Ciências Sociais Aplicadas, Universidade Federal de Pernambuco, Recife, 2005.

YAZBEK, Carmelita; IAMAMOTO, Marilda Villela (org.). *Serviço Social na história.* América Latina, África e Europa. São Paulo: Cortez, 2019.

YAZBEK, Maria Carmelita; BRAVO, Maria Inês; SILVA, Maria Liduína de Oliveira; MARTINELLI, Maria Lúcia. A conjuntura atual e o enfrentamento ao coronavírus: desafios ao Serviço Social. *Revista Serviço Social & Sociedade,* São Paulo, n. 140, p. 5-12, jan./abr. 2021.

PARTE II

SERVIÇO SOCIAL: FORMAÇÃO E TRABALHO PROFISSIONAL

CAPÍTULO 4

SERVIÇO SOCIAL E A ORGANIZAÇÃO POLÍTICA E SINDICAL NO ESTADO DO PARANÁ: UM BREVE HISTÓRICO

Rosangela Aparecida de Souza Costa
Tatiane Martins

INTRODUÇÃO

Este artigo pretende trazer algumas reflexões acerca da trajetória histórica do movimento de organização política e sindical dos e das assistentes sociais no estado do Paraná, que passam a se reconhecer como trabalhadores(as) inseridos(as) na divisão social e técnica do trabalho[72]. Sua atuação profissional está diretamente vinculada aos processos de produção e reprodução das relações sociais, por meio da sociabilidade capitalista, rompendo assim, de forma hegemônica, com suas bases tradicionais de cunho conservador.

Este estudo relaciona-se com as dissertações de mestrado *A organização política das assistentes sociais em Londrina: 1960-1984*, pesquisada por Rosangela Aparecida de Souza Costa Andrean, defendida no ano de 2020 no Programa de Pós-Graduação em Serviço Social e Política Social da UEL. Tatiane Martins[73], mestranda do Programa de Pós-Graduação em Serviço Social da Unioeste, pesquisou sobre *A organização político-sindical das e dos assistentes sociais no contexto do novo sindicalismo no Estado do Paraná (1980-1990)*, defendida no ano de 2022.

A organização política das assistentes sociais em Londrina – 1960-1984 – utilizou como metodologia memória e história, tal abordagem se deu devido aos parcos registros sobre o tema no Paraná. Dessa forma foram realizadas 12 entrevistas, sendo: dois profissionais que não participavam

[72] IAMAMOTO, Marilda Vilela. *Serviço Social em tempo de Fetiche*: Capital Financeiro, Trabalho e Questão Social. 8. ed. São Paulo: Cortez, 2014.

[73] MARTINS, T. *A organização político-sindical das e dos assistentes sociais no contexto do novo sindicalismo no Estado do Paraná (1980 – 1990).* UNIOESTE, 2022.

dos movimentos de organização política da categoria; quatro profissionais por seu histórico de participação nas atividades da categoria; quatro profissionais que participaram efetivamente da Associação Profissional de Assistente Social de Londrina; três profissionais que participaram da primeira coordenação da Delegacia Seccional de Londrina. Apenas uma assistente social, após agendar, decidiu por não conceder a entrevista, totalizando as 12 entrevistadas. A definição do recorte temporal se dá no período em que se identificaram os primeiros profissionais na cidade de Londrina, até o momento em que instala a Delegacia Seccional de Londrina.

O estudo sobre a organização político-sindical dos e das assistentes sociais no contexto do novo sindicalismo no estado do Paraná nas décadas de 1983 e 1994 utilizou-se da abordagem qualitativa por meio da pesquisa bibliográfica, de campo e documental, considerando a inexistência de fontes de pesquisa pública para identificação dos membros da diretoria do Sindicato dos Assistentes Sociais do Paraná – SINDASP –, nos debruçamos na pesquisa documental identificando que o período foi constituído por quatro diretorias que realizaram a gestão, sendo a primeira no período de 1977-1986 (Ata: 21/06/83), a segunda de 1986-1989 (Ata: 20/05/2021), a terceira de 1989-1992 (Ata: 27/07/1989, prorrogado até 1993) e a quarta de 1993-1996 (Boletim Eleitoral n.º 2 – julho de 1993).

Dessa forma foram realizadas 14 entrevistas, sendo 11 com membros das gestões do SINDASP (1983-1996) e três militantes de base na condição de convidados. Nesse caso, utilizou-se o método da amostragem, que consiste em obter um juízo sobre o total (universo), mediante a compilação e exame de apenas uma parte, a amostra, selecionada por procedimentos científicos, conforme Lakatos e Marconi[74].

Considerando a necessidade de produção de conhecimento sobre esse fértil período determinante no fortalecimento da organização política da categoria nos tempos atuais, a problematização da pesquisa refere-se à seguinte questão: "quais os limites e avanços do movimento de organização político e sindical dos(as) assistentes sociais no estado do Paraná nos anos 1960-1990?", e tem como objetivo geral analisar os determinantes sócio-históricos que contribuíram para a organização política e sindical da categoria profissional no Paraná.

A orientação teórico-metodológica da pesquisa baseia-se na análise marxiana da possibilidade da "Consciência de Classe", como expressão

[74] LAKATOS, E. M.; MARCONI, M. A. *Fundamentos de metodologia científica*. São Paulo: Atlas, 2001.

da apreensão das condições e contradições vivenciadas pela classe trabalhadora e seu projeto revolucionário considerando que "[...] não é a consciência que determina a vida, mas sim a vida que determina a consciência"[75]. Situando historicamente a realidade brasileira e paranaense, objetiva-se apreender as determinações postas no processo mobilizador e aglutinador de forças que foi a experiência político-organizativa do período para a categoria profissional.

1 Breves considerações sobre a organização política e institucionalização do Serviço Social no Paraná

Primeiramente se faz necessário entender o que é a organização política de uma categoria profissional, trata-se de uma questão coletiva. Adotaremos, no presente artigo, as considerações de Sâmya Rodrigues Ramos: "a organização política de uma categoria profissional é uma das condições históricas primordiais para viabilizar a capacidade de projetar coletivamente caminhos estratégicos para a profissão"[76].

A autora pontua que a categoria não é um bloco homogêneo, e não se dirige unicamente para uma posição política. Ramos entendeu que a organização política é o "motor" da profissão, o que faz com que a categoria se organize coletivamente e construa projetos. A autora apontou que sobre esse "[...] aspecto é importante ressaltar que a categoria profissional não se constitui como um todo homogêneo, mas ao contrário é marcada por uma diversidade social, intelectual, cultural, política e econômica"[77].

É nessa perspectiva que vamos apresentar como os profissionais de serviço social foram se organizando politicamente no Paraná, a pesquisa teve como território localizado Londrina e região, no período de 1960-1984. Sobre as outras regiões do estado, durante a pesquisa documental, não conseguimos informações detalhadas, mas apenas algumas referências constantes em boletins informativos do CRAS/PR[78]. Levantar o material

---

[75] MARX, K.; ENGELS, F. *A ideologia Alemã*. São Paulo: Boitempo, 2007. p. 94.

[76] RAMOS, Sâmya Rodrigues. *A mediação da organização política na (re)construção do projeto profissional:* o protagonismo do Conselho Federal de Serviço Social. 2005. Tese (Doutorado em Serviço Social) – Programa de Pós-Graduação em Serviço Social, Universidade Federal de Pernambuco, Recife, 2005, p. 22.

[77] RAMOS, Sâmya Rodrigues; SANTOS, Silvana Mara de Moraes dos. Projeto Profissional e organização política do Serviço Social Brasileiro: lições históricas e lutas contemporâneas. *In:* SILVA, Maria Liduína de Oliveira e (org.). *Serviço Social no Brasil*: história de resistências e de ruptura com o conservadorismo. São Paulo: Cortez, 2016. p. 79.

[78] É importante registrar que não foi aprofundada essa pesquisa para as demais regiões do estado, pois não era o nosso lócus de estudo.

foi um grande desafio, e com isso durante a pesquisa observamos que a categoria profissional vem sistematizando a construção de saberes sobre as políticas públicas e sociais, em detrimento ao histórico da profissão e ao fazer profissional.

O Serviço Social brasileiro surge no contexto de disputa política, de fortalecimento da industrialização nacional e da organização da classe trabalhadora que passou a pautar as suas necessidades vinculadas à doutrina social da Igreja Católica e da demanda da sociedade brasileira.

Conforme a sociedade vai se organizando, o serviço social, enquanto profissão, também vai se construindo. No período da institucionalização do serviço social, observamos que a categoria se preocupou em ter uma formação teórica que oferecesse condições para que o trabalho tivesse um reconhecimento de cunho profissional, a fim de não ser confundido como voluntarismo. Além da formação teórica, identificamos que a categoria se organizou politicamente na construção e na defesa da profissão. Em 1946 institui-se a Associação Brasileira de Assistente Social (ABAS) e a Associação Brasileira de Ensino Assistente Social (ABESS). Na década seguinte, surgiu a Associação Profissional de Assistente Social (APAS), de cunho pré-sindical. Essas instituições irão lutar para defender a profissão e para a aprovação da Lei 3.252/1957 e do Decreto Lei n.º 994/1962, que instituiu o Conselho Federal de Assistente Social (CFAS) e os Conselhos Regional de Assistente Social (CRAS).

O Paraná vai seguir a diretriz nacional na política e na organização política da profissão. Battini[79], em seu texto, relata que politicamente Getúlio Vargas indicou o interventor Manoel Ribas (1932-1945), que segue a orientação política do Governo Federal com destaque nosso para a colonização com a nova política agrária, e de colonização fundiária – política cafeeira (norte) e pecuária (oeste e campos gerais). Já o desenvolvimento industrial ocorreu na capital, local que proporcionou uma conjuntura favorável para o surgimento do serviço social em 1940.

No Paraná, a institucionalização do Serviço Social e a sua Organização Política da categoria ocorreram no período de 1940, vinculadas à Igreja Católica, que ofereceu um curso, por correspondência, a jovens leigas da sociedade curitibana, preparatório para a formação de assistentes sociais, vinculado ao Instituto Social do Rio de Janeiro. Como resultado do curso, houve a criação da Escola de Serviço Social de Curitiba em 1944. Seu

[79] BATTINI, 2012.

reconhecimento junto ao Ministério da Educação ocorreu em 1956. Em 1959, a Escola foi incluída na Universidade Católica do Paraná (PUC/PR), passou a participar dos eventos da categoria e filiou-se à ABESS e ao Centro Brasileiro de Cooperação e Intercâmbio de Serviço Social (CBCISS). A autora ainda informa a importância do estágio como meio de criação e/ou ampliação de espaço de trabalho em diversos espaços: Escolas públicas, no Departamento e/ou Secretaria de Saúde e Assistência Social e na Fundação de Assistência ao Trabalhador Rural[80].

Gonçalves[81] em seu texto relata que a organização da categoria iniciou-se em 1950, quando foi criada a Associação Brasileira de Assistente Social – Seção Paraná (ABAS/PR). Na década seguinte (1960), com a implantação do conjunto CFAS/CRAS, na região sul ficou estabelecido o CRAS 10.ª região. E a implantação do CRAS 11.ª região no Paraná, na década de 1980.

Na década de 1960, em Curitiba, identificamos dois fatos importantes sobre a organização política da categoria, nesse período é que surge o serviço social no interior do estado, na cidade de Londrina. Apontamos a importância da professora Myrian Veras Baptista na construção do serviço social paranaense.

Silva e Battini[82] atestaram o caráter conservador do curso de serviço social no Paraná. Como proposta de renovação, o curso de serviço social da PUC/PR convidou a professora Myrian Veras Baptista para repensar a formação profissional, e discutir novas possibilidades teóricas, em sintonia com as correntes que já estavam influenciando o campo no país[83]. Novas professoras foram contratadas, contribuindo com uma visão mais crítica. No entanto, em 1968, a ala conservadora da escola chegou a propor a expulsão de estudantes que seguiam a linha crítica, e a professora Myrian Veras foi dispensada sumariamente, por discordar da proposta de expulsão das discentes. Fazendo referência a esse evento na PUC/PR, Gonçalves[84] destacou que a ABAS teve um importante papel na mobilização dos assistentes sociais, na construção de documentos, para o então reitor da UCP, em que relatava

[80] BATTINI, O. (org.). *As determinações sócio-históricas do Serviço Social no Paraná*: gênese e institucionalização (1940/1959). Londrina: Eduel, 2008.

[81] GONÇALVES, Rachel Mäeder. Histórico do Serviço Social no Paraná. *Informativo CRASS 04*, Curitiba, ano II, n. 6, out./dez., 1982.

[82] SILVA, Lídia Maria M. Rodrigues da; BATTINI, Odária. Notas para a reconstrução da história do Serviço Social na Região Sul I. *Serviço Social e Sociedade*, São Paulo, n. 95, p. 109-138, mar. 2008, p. 123.

[83] Nesse momento o Serviço Social estava vivenciado o Movimento de Reconceituação, marcando a aproximação com a América Latina e desenvolvendo novas formas de se pensar a intervenção profissional.

[84] GONÇALVES, 1982.

"[...] os profissionais declaram cerrar fileira em prol da escola e se colocam à disposição da Reitoria para a futura missão". A autora enfatiza que "[...] foi um momento histórico. Aquela atitude corajosa logrou resultado. Foi a vitória da ABAS contra grupos esquerdistas que pretendiam se apoderar da direção da Escola de Serviço Social"[85].

Silva e Battini[86] relatam que foi criado o Instituto de Serviço Social do Paraná (ISESPA), que tinha por objetivo assessorar "programas e realizar seminários sobre temáticas emergentes no Serviço Social". O ISESPA foi elaborado por Myrian Veras Baptista, com apoio das assistentes sociais Marília Schleder, Irene de Oliveira Souza e da estagiária Odária Semchechen. Esse grupo apresentou o projeto, Programa de Ação Integrada de Serviços (PAIS), ao governo estadual, o qual foi aprovado. Seu objetivo foi desenvolver uma metodologia de integração de serviços governamentais e não governamentais, tendo implantado cinco núcleos sociais nas cidades-polos em microrregiões do estado.

Ainda nos anos 1960, Prof.ª Myrian Veras Baptista chega em Londrina. Foi convidada pelo bispo local para implantar um curso de serviço social na cidade. Diante da demanda apresentada, foi até a PUC/SP, apresentou a proposta a Helena Junqueira e Nadir Kfouri, que negaram o seu pedido. José Pinheiro Cortez, ao saber da demanda apresentada por Baptista, acreditou que era possível fazer o processo para a instalação do curso, já que ele era secretário geral do Partido Democrata Cristão (PDC), ao qual era filiado o então governador do Paraná, Ney Braga. Foi elaborado um projeto para realizar um diagnóstico dessa região inteira, com o apoio do governo do estado. O documento foi enviado ao MEC para avaliação. Com o golpe militar e civil de 1964, não foi possível implementá-lo, mesmo já tendo sido aprovado[87].

Na década de 1960 é quando o serviço social será identificado no interior do estado, a primeira cidade foi Londrina, a qual será o local com o segundo maior contingente profissional do Paraná. Desde meados da década de 1960, a cidade já contava com um Grupo de Estudo de Assistente Social de Londrina (GEASL), com 12 profissionais, esse grupo foi fundamental para o desenvolvimento da profissão. Na pesquisa identificou-se duas gerações do grupo, sendo que a *primeira geração* foi responsável pela construção do

---

85 GONÇALVES, 1982, p. 5.

86 SILVA; BATTINI, 2008, p. 130.

87 BAPTISTA, M. V. Relembrando História. *Serviço Social em Revista*, Londrina, v. 9, n. 1, jul./dez. 2006.

curso de serviço social na Universidade Estadual de Londrina (1972). Outra conquista importante pelo GEASL foi por meio do ofício CRAS 10.ª Região N.º 79/1971, que reconheceu o grupo GEASL e intitulou a assistente social Lúcia Maria Pereira como representante do CRAS 10.ª Região no norte do Paraná. Tal processo foi importante, pois nesse território a filantropia estava enraizada. Houve uma tentativa de criar a Associação dos Assistentes Sociais do Norte do Paraná (AASNP), porém esse projeto não se efetivou.

Sobre a interiorização da profissão, Silva e Battini[88] consideraram a importância da criação das universidades estaduais. Tal projeto apresentou-se durante o governo estadual do período 1966-1977, que tinha como meta a interiorização do ensino superior no Paraná. Durante as gestões em questão, foram criadas as três primeiras universidades estaduais: Maringá, Londrina e Ponta Grossa. O ensino superior, na avaliação das autoras, tornou-se uma estratégia do estado de se fazer presente no interior.

No final da década 1970 em Curitiba, as assistentes sociais organizaram-se nas entidades de defesa da profissão. Durante a pesquisa documental, não conseguimos informações detalhadas[89], mas apenas algumas referências, reunindo-se com a presença de representante da Gestão CFAS, ABAS seção Paraná, a ABESS, a Delegacia Seccional do Paraná. Em outubro de 1980, por meio da Resolução CFAS n.º 137/1980, instituiu-se o CRAS 11.ª região na cidade de Curitiba/PR.

O recém-formado CRAS/PR estabeleceu, como estratégia de aproximação com a categoria no interior, a implantação de Delegacias Seccionais. O planejamento indicava as primeiras cidades no estado a receberem as novas sucursais: Londrina, Cascavel e Ponta Grossa. Simultaneamente, observamos que a organização política dos profissionais ocorreu após o IV CBAS, realizado em 1982, sob a direção da CENEAS. Esse Congresso fomentou a construção de grupos de assistentes sociais, refletindo e disseminando a organização política no país. Alguns informativos do CRAS/PR apresentaram a organização política das assistentes sociais em algumas cidades, conforme já assinalado.

Na cidade de Curitiba, no ano de 1982, identificamos a realização de dois eventos direcionados à categoria: Semana de Serviço Social, comemoração do cinquentenário do serviço social e homenagem às pioneiras.

---

[88] SILVA; BATTINI, 2008.

[89] Na pesquisa identificamos que não há cuidados necessários sobre os documentos que contam a história da nossa profissão. Na minha pesquisa o que foi localizado foi sistematizado.

Em Londrina, a *segunda geração* do GEASL vai dar continuidade ao processo de organização política da categoria, efetuando diversas atividades, que terão como resultado a articulação das estudantes de serviço social[90], a formação da Associação profissional de Assistente Social de Londrina (APAS/LDA) e a implantação da Delegacia Seccional de Londrina em 12/12/1984 (operacional até a presente data).

Identificamos três pontos importantes: a composição da gestão do CFAS (1981-1984) teve uma representação de uma assistente social de Londrina. E o segundo foi o "I Encontro de Assistentes Sociais de Prefeituras", realizado em 30/11/1984, na prefeitura municipal de Ibiporã/PR, por meio da Divisão de Serviço Social do município, com o apoio da APAS/LDA e da Coordenadoria de Bem-Estar Social da Secretaria de Estado da Saúde e do Bem-Estar Social (SESB). E, por fim, foi realizado o "I Simpósio Paranaense de Serviço Social Des-Encadeando...".

Em Londrina e região foram identificados muitos eventos e palestras organizados pelo colegiado do curso de serviço social, pelo Centro Acadêmico de Serviço Social e grupos de profissionais. Esses eventos tiveram diversos temas de interesse à categoria, que tinha ampla participação das(os) profissionais de Londrina e região. Identificamos nesse período a criação de três grupos vinculados ao espaço sócio-ocupacional: Grupo de Estudo de Serviço Social Organizacional de Londrina (GESOL), Grupo de Estudo de Serviço Social de Empresa (GESSE) e o Grupo de Assistentes Sociais da Área da Saúde de Londrina (GRASS) que ainda está ativo.

Na cidade de Maringá, 1983, a cidade contava com 29 profissionais, em diversas áreas[91]. CRAS Paraná Informa divulgou uma nota sobre os espaços sócio-ocupacionais e seus profissionais, existentes em Maringá.

Cascavel inaugurou a primeira Delegacia Seccional no dia 07/06/1986 e foi desativada em julho de 1989. Em setembro do mesmo ano, realizou-se uma reunião com um grupo de profissionais, na cidade de Toledo, com o objetivo de verificar a possibilidade de transferir a Delegacia Seccional para a cidade. Na reunião, esteve uma representante do CRAS 11.ª região.

---

[90] O I Encontro Nacional de Estudantes de Serviço Social (ENESS) ocorreu em 1978 na cidade de Londrina. É importante citar que tivemos discentes que também fizeram parte do Grupo Poeira, que tem como marca a luta por abertura política no país.

[91] ACERVO CRESS/PR, 06.

Optou-se pelo aprofundamento da questão, junto à categoria. A Seccional de Cascavel foi reinaugurada em 26 de abril de 2019.

Em Umuarama, noroeste do estado, ocorreu em outubro de 1982 um "Encontro de Assistente Social", com o objetivo de trocar experiências e socializar informações sobre o IV CBAS.

Na cidade de Ponta Grossa, não identificamos a data de inauguração da Delegacia Seccional. Em dezembro de 1986, foi eleita a nova diretoria da Delegacia e a posse, em 12/01/1987. Em abril de 1987, uma assembleia deliberou pelo fechamento da Delegacia Seccional de Ponta Grossa[92]. Do ponto de vista da organização política da categoria, localizamos uma atividade realizada em 1984, desenvolvida pelo Departamento de Serviço Social da UEPG e pelos estudantes de serviço social, relativa à comemoração do Dia do Assistente Social.

Identificamos uma articulação interessante entre as assistentes sociais do estado do Paraná e Santa Catarina, envolvendo duas cidades de fronteira, Rio Negro/PR e Mafra/SC, por meio do Grupo de Estudos de Assistentes Sociais (GEAS). Promoveram o "I Seminário do Dia do Assistente Social", no qual debateram os seguintes temas: Participação Social; Planejamento e Participação comunitária, tema trabalhado da Fundação de Saúde; Cooperativismo e Associativismo como Forma de Participação Social, Associação Catarinense de Colonização e Reforma Agrária; Desenvolvimento de Comunidade, Fundação Catarinense de Desenvolvimento Comunitário; O Papel do Homens nas Políticas Públicas.

Ainda houve atividades estaduais importantes no estado do Paraná: Encontro Paranaense de Serviço Social, que ocorreu em maio de 1985 com a presença de mais de 100 profissionais[93]. O Ministério do Trabalho e Previdência Social (MTPS) havia disponibilizado recursos para investimentos na formação profissional e aprimoramento de recursos humanos. Para a utilização do recurso, o CRAS 11.ª Região elaborou o "I Simpósio Paranaense de Serviço Social Des-Encadeando...", a organização do evento reuniu-se com as três Delegacias Seccionais, a fim de apresentar uma proposta para a realização de quatros Encontros Regionais (Curitiba, Londrina, Cascavel e Ponta Grossa). Ainda foram discutidas as temáticas a serem abordadas, e definiu-se que cada Encontro elegeria 15 delegadas para participarem do Simpósio, em Curitiba[94], realizado em setembro de 1986.

[92] ACERVO CRESS/PR, 11.

[93] ACERVO CRESS/PR, 13.

[94] ACERVO CRESS/PR, 14.

Em síntese, podemos constatar que a colonização do interior do Paraná ocorreu no século XX, mesmo sendo uma região agrária – contradições básicas do capitalismo, nas quais também se situam as expressões da questão social. É nessa contradição que o serviço social vai se estabelecendo nas diversas regiões do estado. Os assistentes sociais de cada região se organizaram em Grupo de Estudo de Assistente Social, fazendo com que a categoria se organizasse para defesa da profissão, bem como a sua condição de trabalhadores.

2 Trajetória histórica da organização sindicatos dos e das assistentes sociais no estado do Paraná 1977-1994

Em um cenário nacional ainda de ditadura militar, profundas marcas de crise estrutural do capitalismo ao nível mundial e que geraram um conjunto de tensões oriundas das relações entre capital e trabalho, analisado por Netto[95], são consolidadas pelo capitalismo burguês com inflexões significativas a partir da década de 1970 e 1980, com o aprofundamento das desigualdades econômicas, políticas e sociais, surgindo verdadeiras transformações societárias com a mundialização do capital. Esta abre ao mundo uma competição intermonopolista de ordem global, com vistas ao superlucro e sem fronteiras, utilizando desde a revolução tecnológica até científica e técnica, combinando as mais novas estratégias de acumulação, flexibilização, reestruturação produtiva, expropriando desse modo o trabalho vivo de forma desenfreada.

O Serviço Social alcança sua maturidade profissional, pois também vivencia e participa do movimento social e político de redemocratização do país e a efervescente luta coletiva para o fim da ditadura militar, acompanhada pelo contexto do chamado novo sindicalismo, e toma a direção de participação de forma orgânica no movimento de lutas populares, contribuindo assim para a criação da Central Única dos Trabalhadores – CUT – em 1983, por meio da Associação Nacional de Assistentes Sociais brasileiros – ANAS[96] –, reconhecida como espaço político-sindical de pró-federação e de abrangência nacional. Nesse momento vincula-se à CUT, trazendo uma nova compreensão de pertencimento e consciência de classe, o que impulsiona a organização da classe trabalhadora que passa a se organizar, estabelecendo um novo protagonismo no processo de luta e resistência contra o capital e sua forma de sociabilidade.

[95] NETTO, José Paulo. Transformações societárias e serviço social: notas para uma análise prospectiva da profissão no Brasil. *Serviço Social e Sociedade*, São Paulo, ano XVII, n. 50, p. 87-132, abr. 1996.

[96] ANAS – Fundada em 1983 e extinta em 1994. Ver especificamente Abramides (1995).

Nesse contexto de precarização e exploração do trabalho, as(os) assistentes sociais também passam a se organizar em todo o Brasil, realizando um intenso trabalho de reativação a partir de 1977 de suas entidades pré-sindicais e/ou Associações Profissionais e sindicais, e no III Encontro Nacional de Entidades Sindicais de Assistentes Sociais, que aconteceu em São Paulo em 1979, sendo deliberada pela criação da Comissão Executiva Nacional de Entidades Sindicais de Assistentes Sociais – CENEAS (1978-1983) –, como fórum máximo de deliberações e com o objetivo de articular e unificar as bandeiras de lutas e demandas trabalhistas em âmbito nacional da categoria profissional.

Abramides e Cabral[97] esclarecem que em 1979 já havia 22 entidades sindicais e pré-sindicais, denominadas "Associações dos Profissionais Assistentes Sociais – APAS". Entre estas o Sindicato de Assistentes Sociais – SINDASP – foi criado em 1983 no município de Curitiba/PR, mas antes da formalização como sindicato, em 1977 havia sido criada uma Associação Profissional dos Assistentes Sociais do Paraná – APASP –, reconhecida como entidade pré-sindical de âmbito estadual, iniciando assim as primeiras discussões sobre a importância de organizar um espaço em defesa dos interesses e demandas trabalhistas da categoria profissional.

Após dois anos, ou seja, em 1979, conforme afirma Andrean[98] em seu trabalho de mestrado sobre *A Organização Política das Assistentes Sociais em Londrina: 1960-1984*, as profissionais assistentes sociais de Londrina também criaram a Associação Profissional de Assistentes Sociais de Londrina – APAS/LDA[99]. Nesse período histórico, a categoria profissional estava representada por duas entidades pré-sindicais e/ou Associação Profissional no Estado do Paraná, porém os desdobramentos históricos da organização a categoria profissional deliberou posteriormente, pela criação de uma única entidade sindical no estado do Paraná formalizada então em 1983.

Na pesquisa documental[100] foi identificado que a APASP – Associação dos Profissionais Assistentes Sociais do Estado do Paraná – foi representada por quatro gestões, que compreendem: a 1.ª Gestão que assumiu o período de 1977/1978, 2.ª Gestão 1978/1979, 3.ª Gestão 1979/1981 e a 4.ª Gestão

[97] ABRAMIDES; CABRAL, 1995.

[98] ANDREAN, R. A. de S. C. A organização política das assistentes sociais em Londrina: 1960-1984. 2020. Dissertação (Mestrado em Serviço Social) – Programa de Pós-Graduação em Serviço Social e Política Social: UEL, 2020.

[99] "Registrada no Ministério do Trabalho sob o n.º 449, Cadastro Geral de Contribuinte (CGC) n.º 78029428/0001-54" (ANDREAN, 2020, p. 140).

[100] Cópia do dossiê "SINDASP- Processo de Extinção", CRESS 11.ª Região, sob o protocolo n.º 4566. Estatuto da Associação Pré-Sindical dos Assistentes Sociais do Paraná.

1981/1983, de transição, em que coube a tarefa de iniciar o processo de formalizar a transformação da APASP em sindicato no ano de 1983.

Fazemos referência e homenagem *in memoriam* às assistentes sociais Eliane Nazareth e Oliveira e Maria de Fatima de Azevedo Ferreira, membros da gestão da APASP/SINDASP e que lutaram bravamente, contribuindo de forma significativa no processo de criação, fortalecimento e organização política e sindical dos e das assistentes sociais no estado do Paraná[101].

O Sindicato de Assistentes Sociais do Estado do Paraná, após um intenso envolvimento e trabalho de seus protagonistas, conseguiu mobilizar a categoria profissional de todo o estado e deliberar pela aprovação em assembleia geral ordinária em Curitiba/PR, que aconteceu em 18/06/83, quando nesse mesmo evento também foi aprovado seu Estatuto de funcionamento. No período até a decisão coletiva pela desativação de suas atividades sindicais, que aconteceu em 1994, foram eleitas quatro gestões e/ou diretorias, que compreenderam: 1.ª Gestão: 1983 a 1986 SINDASP; 2.ª Gestão: 1986 a 1989 SINDASP; 3.ª Gestão 1989 a 1992/93 SINDASP; e 4.ª Gestão 1993 a 1996 SINDASP[102].

Segundo relato,

> A APASP foi criada no final dos anos 1970 [...], em um período de muita restrição democrática, em meio a ditadura militar e essas companheiras que se organizaram para criar a associação profissional, tinham uma perspectiva libertária, de luta contra o regime instalado no Brasil. Então houve uma organização da categoria para organização dos sindicatos de assistentes sociais no Brasil inteiro, onde a categoria tinha a compreensão da importância do sindicato como espaço de mobilização e defesa da categoria profissional, entendendo também que o Conselho profissional tem uma característica meio híbrida, ou seja, ao mesmo tempo que é ligado ao Estado por outro lado, tinha um quadro de profissionais ainda com pensamento bastante conservador e a formação das associações profissionais neste período eram mais livres, também por não precisar passar pelo Ministério do Trabalho, para se organizar, se mobilizar e ter um espaço de luta a categoria[103].

Pode-se destacar que tanto a criação da APASP como a formalização do SINDASP junto ao Ministério do Trabalho ocorreram com um intenso

[101] C.f: CRESS/PR. Comemoração 80 anos do Serviço Social em Curitiba. Disponível em: https://cresspr.org.br/2016/06/08/comemoracao-80-anos-do-servico-social-em-curitiba/. Acesso em: 10 jan. 2023.

[102] Cópia de Materiais Históricos Volume I e II. SINDASP. Ata de reunião da diretoria.

[103] NEUSA, 2021, s/p.

esforço, dedicação e envolvimento de seus protagonistas, pois a comunicação na década de 1970/1980 era por meio de telegrama e muitas reuniões da categoria profissional aconteciam de forma clandestina, em meio a um contexto de ditadura militar, de repressão e cerceamento de direitos civis e políticos, especialmente no que diz respeito à organização coletiva dos trabalhadores.

Segundo análise documental, não havia recursos financeiros para manutenção das atividades de organização pré-sindical, ou seja, nem da APASP nem do sindicato, e os recursos que advinham do imposto sindical eram ínfimos para manutenção das despesas da entidade. Também não havia sede própria e para manter suas atividades dependiam da articulação junto a Gestão do CRAS[104] – Conselho Regional de Assistentes Sociais do Paraná, com o qual, por alguns períodos, quando havia congruência e apoio das gestões no que diz respeito a pauta de lutas, dividia-se o mesmo espaço físico, com repasse de contribuição financeira ao CRAS/CRESS, a fim de manter gastos de manutenção como telefone, luz, água, entre outros. Outra receita reconhecida eram as contribuições dos assistentes sociais associados, que mantinham minimamente a realização das atividades administrativas, de mobilização de propostas pelas direções em cada gestão. É importante salientar que nas atas de reuniões vários membros da diretoria, quando não tinham recursos para pagamento de despesas, assumiam com recursos particulares, para manter a luta e resistência da categoria profissional frente às demandas contraditórias impostas à classe trabalhadora no período.

Importante destacar que as atividades sindicais do SINDASP pautaram-se a partir de discussões e deliberações da categoria profissional no âmbito da organização político-sindical nacional, com representação do estado do Paraná nos espaços de organização e deliberação coletiva, por meio das assembleias, reuniões, seminários e/ou outras atividades organizadas pelo CENEAS – Comissão Executiva Nacional de Entidades de Assistentes Sociais – e posteriormente por meio da pró-federação ANAS. As representações do estado faziam a devolutiva mediante espaços coletivos de luta, organizadas pela categoria profissional tanto nas reuniões na Capital do Paraná como também deslocavam-se para os municípios do interior como Cascavel, Ponta Grossa, Londrina, Foz do Iguaçu e Campo Mourão para fortalecer e organizar a agenda de lutas.

[104] A lei vigente desde 1962, ao regulamentar a criação dos Conselhos Profissionais, denominou essa instância de Conselho Regional e Federal de Assistentes Sociais, respectivamente CRAS e CFAS. Com a nova Lei de Regulamentação da Profissão, Lei n.º 8.662/93, as siglas CFAS e CRAS foram substituídas por Conselho Federal de Serviço Social (CFESS) e Conselho Regional de Serviço Social (CRESS).

Sem dúvidas, cada realidade no estado tinha suas especificidades e a profissão de Serviço Social, ainda "jovem", estava começando a ocupar espaços de trabalho, no setor público e privado, necessitando um olhar atento e próximo do sindicato como também do CRAS/CRESS. Estes realizavam várias atividades conjuntas de fiscalização, deixando evidente a compreendendo naquele momento da natureza de entidade representativa, especialmente nas questões que eram de âmbito trabalhista de responsabilidade do sindicato, ou seja, forma de contratação, piso salarial, condições de trabalho; e do CRAS/CRESS no que diz respeito à orientação e à fiscalização do exercício profissional e defesa da profissão, conforme as prerrogativas do Código de Ética de 1986 em vigor no período.

A partir da mobilização e fortalecimento cada vez maior do Serviço Social no estado do Paraná, que também articula com outras categorias profissionais, movimentos sociais de defesa de direitos, partidos políticos, no período de 1983 a 1989, segundo relatório de extinção do Sindicato dos Assistentes Sociais do Paraná – SINDASP –, documento sob o protocolo n.º 4566, revelam maior atuação do sindicato junto às demandas trabalhistas da categoria profissional, como também sua participação direta nas lutas gerais da classe trabalhadora.

Conforme aponta Rodrigues[105], em julho de 1986, acontece uma virada na forma de organização sindical, quando acontece o II CONCUT – Congresso Nacional da Central Única dos Trabalhadores –, sendo instância máxima de deliberação da CUT, e aprova a campanha nacional de lutas. Em uma das teses aprova e cria uma nova estrutura sindical de classe, em substituição à estrutura corporativista. A tese defende a organização por ramo de atividade ou produção econômica, substituindo os sindicatos por categoria, mudando, desse modo, totalmente seu perfil de organização rompendo com o corporativismo e buscando a autonomia sindical. A tarefa de implantação da nova estrutura sindical de classe cabia aos trabalhadores, desde suas bases até as instâncias superiores.

Após um período longo de debates sobre o tema, que perdurou entre 1986 até a decisão final de "extinção"[106], das atividades sindicais em 1994, por meio da convocação da base, mediante inicialmente a organização de assembleias e/ou reuniões descentralizadas no ano de 1994 em Ponta Grossa,

[105] RODRIGUES, Leôncio Martins. *CUT*: Os Militantes e a Ideologia. Rio de Janeiro: Paz e Terra, 1990.

[106] O termo "Extinção" utilizado pela categoria profissional é utilizado de forma equivocada, pois houve a Assembleia para deliberação por meio do IV CONEAS em 1994, mas não houve a baixa documental oficial no Ministério do Trabalho. Então as atividades sindicais ficaram suspensas e não extintas.

Londrina, Maringá e Curitiba[107], que culminou no IV Congresso Estadual dos Assistentes Sociais, que aconteceu em Curitiba no dia 27/08/1994, houve a discussão e deliberação sobre a decisão do estado do Paraná, frente à discussão nacional sobre os rumos da organização sindical no Brasil, considerando as deliberações da ANAS e a sistematização das discussões apresentada no VII CBAS em 1992.

Em uma das teses no VII CBAS, a assistente social Maria de Fatima Azevedo Pereira[108], representante do estado do Paraná, argumentou:

> [...] acabar com a corporação dos sindicatos de categoria e criar sindicatos por ramo de atividades é o grande desafio, esta é a transitoriedade do movimento sindical para todos os seus setores. Evidente que existem particularidades, mas são também no geral parecidas". Avançando nesta linha de raciocínio, a referida profissional adverte "os problemas conjunturais [...], "...tem raízes mais profundas na necessidade de agrupamento por ramo de atividade e produção mais consequente para a luta que travam os trabalhadores por melhores condições de vida, trabalho, salário e finalmente por um governo que responda a seus anseios.

Encontramos também o posicionamento da assistente social Elza Maria de Campos[109], na tese apresentada no III Congresso dos Assistentes Sociais do Paraná (1988), em que destacou que

> [...] no aprofundamento da nova forma de organização dos sindicatos, podemos chegar a conclusão de que o melhor seria (e isto seria uma grande contribuição para dar um fim ao corporativismo conservador existente e muito no momento sindical), dissolver os sindicatos de categoria profissional. Isso é um assunto polêmico que será fruto de grandes debates na categoria a nível nacional[110].

Após o movimento intenso de discussões pela categoria profissional, segundo a descrição do Folder impresso da programação do IV CONEAS – Congresso Estadual de Assistentes Sociais do Paraná –, que aconteceu em 27/08/94, foi possível realizar as análises e reflexões necessárias para a tomada definitiva de posição de forma madura. Ao nível nacional, esse

---

[107] Cópia da edição do Jornal do CRESS em julho de 1994, publicação que antecedeu o IV CONEAS, Tema: "Os assistentes sociais do Paraná (re) discutem sua forma de organização sindical".

[108] Presidente do SINDASP – Sindicato dos Assistentes Sociais do Paraná – Gestão (1986-1989).

[109] Membro da diretoria do SINDASP – Sindicato dos Assistentes Sociais do Paraná – Gestão (1986-1989).

[110] Relatório referente ao Processo de Extinção do SINDASP, protocolo nº 4566 CRESS/PR. p. 21, 3 jun. 2005.

debate ocorreu desde 1986 a partir da deliberação da CUT e ANAS, à luz da conjuntura sócio-político-econômica do país naquele momento.

Sobre a decisão de desativação das atividades do SINDASP,

> Fácil a decisão não foi! Afinal de contas estávamos fechando um sindicato [...] mas, também tinha um reflexo de um momento de maturidade da organização dos trabalhadores, essa possibilidade do coletivo ser muito maior, havia um peso nessa responsabilidade, havia uma frustração tremenda da não participação da categoria nas discussões, [...] mas havia uma consciência de que naquele contexto a gente reforçava uma luta maior[111].

Parafraseando a análise e avaliação final, após a decisão dos membros da diretoria do SINDASP, da gestão (1993/1996), o estado do Paraná abriu um novo caminho e se uniu à luta nacional de organização da classe trabalhadora no âmbito sindical. A deliberação pelo fechamento das atividades sindicais da categoria profissional produziu um salto de consciência para novas formas de organização e de luta, destacando a afirmação de Mauro Iasi, em uma palestra sobre Ideologia e Consciência de Classe[112], em que afirma que "[...] o fenômeno social, se produz coletivamente e se expressa em uma consciência que antes não estava lá".

Imagem 3 – Folder de divulgação do IV Congresso Estadual dos Assistentes Sociais do Paraná

[111] KALLIANE, 2021.

[112] Teoria e Práxis. Palestra: Ideologia e Consciência de Classe. Mauro Luis Iasi. Realizada em 23 de Agosto de 2019. Disponível em: https://www.youtube.com/watch?v=E-WVcq8r9QY&t=108s. Acesso em: 1 mar. 2023.

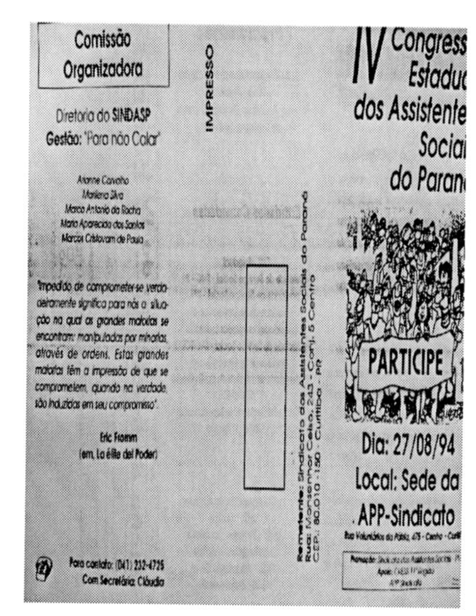

Fonte: SINDASP, 2005

Desse modo, o SINDASP encerra oficialmente suas atividades em 27/08/1994, por deliberação em assembleia geral com a categoria profissional de assistentes sociais no estado do Paraná, passando a incorporar os sindicatos majoritários da classe trabalhadora, em que estavam vinculados seus espaços de trabalho, iniciando outro momento para organização sindical que acompanha a mesma lógica já vivenciada pela categoria profissional a nível nacional.

3 Considerações finais

Como apontamento final deste artigo, buscamos sistematizar o processo histórico de organização política e sindical dos e das assistentes sociais no estado do Paraná, considerando que os sujeitos da pesquisa estavam representados de forma majoritária por mulheres, com perfil de trabalhadoras e trabalhadores que decidiram se dedicar à militância sindical da categoria profissional, como também tiveram uma forte influência de participação e organização coletiva em outros espaços de luta da classe trabalhadora.

Cabe destacar que o importante resgate dessa memória documental – a qual mesmo incompleta contribui para a sistematização histórica da construção e defesa da profissão e defesa dos e das assistentes sociais por meio do sindicato – só ocorreu porque um grupo de profissionais acreditou e se dedicou para realizar essa disputa política no sentido de buscar mudanças na perspectiva de um outro modelo de sociedade mais justo e igualitário.

Nesse sentido cabe uma grandiosa tarefa aos assistentes sociais em fortalecer seus espaços coletivos de discussão, recuperar a trajetória de lutas, conquistas e desafios vivenciados pelas vanguardas da categoria profissional e compreender que o projeto profissional tem suas raízes na vida concreta de sujeitos sociais que se organizam coletivamente nas instâncias representativas construindo a direção social da profissão comprometida com os interesses e lutas dos trabalhadores.

Para além disso, entender tal processo torna-se fundamental para que a luta por uma sociedade mais justa e igualitária continue sendo construída coletivamente. O lema orwelliano é oportunamente válido para o serviço social: "[...] quem controla o passado controla o futuro; quem controla o presente controla o passado [...]"[113]. É imperioso que a história das lutas profissionais e a organização política da categoria sejam valorizadas, sob pena de grupos, pessoas ou ideologias perniciosas "reescreverem" a memória do serviço social ao sabor dos mais escusos interesses.

REFERÊNCIAS

ABRAMIDES, Maria Beatriz Costa; CABRAL, Maria Socorro dos Reis. *O novo sindicalismo e o serviço social:* trajetória e processo de luta de uma categoria: 1978-1988. São Paulo: Cortez, 1995.

ANDREAN, Rosangela Aparecida De Souza Costa. *A organização política das assistentes sociais em Londrina*: 1960-1984. Dissertação (Mestrado em Serviço Social) – Programa de Pós-Graduação em Serviço Social e Política Social, UEL, 2020.

BAPTISTA, Myrian Veras. Relembrando História. *Serviço Social em Revista*, Londrina, v. 9, n. 1, jul./dez. 2006. Disponível em: http://www.uel.br/revistas/ssrevista/c-v9n1_myrian.htm. Acesso em: 1 dez. 2018.

BATTINI, Odária. (org.). *As determinações sócio-históricas do Serviço Social no Paraná*: gênese e institucionalização (1940/1959). Londrina: Eduel, 2008.

GONÇALVES, Rachel Mäeder. Histórico do Serviço Social no Paraná. Informativo CRASS 04. *Curitiba*, ano II, n. 6, out./dez., 1982.

[113] ORWELL, George. 1984. Tradução de Alexandre Hubner, Heloisa Jahn. São Paulo: Companhia das Letras, 2009. p. 47.

IAMAMOTO, Marilda Vilela. *Serviço Social em tempo de Fetiche:* Capital Financeiro, Trabalho e Questão Social. 8. ed. São Paulo: Cortez, 2014.

IASI, Mauro. Teoria e Práxis. *Palestra Ideologia e Consciência de Classe.* Mauro Luis Iasi. Realizada em 23 ago. 2019. Disponível em: https://www.youtube.com/watch?v=E-WVcq8r9QY&t=108s. Acesso em: 1 mar. 2023.

LAKATOS, Eva Maria; MARCONI, Marina de Andrade. *Fundamentos de metodologia científica.* São Paulo: Atlas, 2001.

MARX, Karl.; ENGELS, Friedrich. *A ideologia Alemã.* São Paulo: Boitempo, 2007.

MARTINS, Tatiane. *A organização político-sindical das e dos assistentes sociais no contexto do novo sindicalismo no Estado do Paraná (1980 – 1990).* UNIOESTE, 2022.

NETTO, José Paulo. Transformações societárias e serviço social: notas para uma análise prospectiva da profissão no Brasil. *Serviço Social e Sociedade,* São Paulo, ano XVII, n. 50, p. 87-132, abr. 1996.

ORWELL, George. *1984.* Tradução de Alexandre Hubner, Heloisa Jahn. São Paulo: Companhia das Letras, 2009.

RAMOS, Sâmya Rodrigues. *A mediação da organização política na (re)construção do projeto profissional:* o protagonismo do Conselho Federal de Serviço Social. 2005. Tese (Doutorado em Serviço Social) – Programa de Pós-Graduação em Serviço Social, Universidade Federal de Pernambuco, Recife, 2005. Disponível em: https://repositorio.ufpe.br/handle/123456789/9640. Acesso em: 25 jun. 2023.

RAMOS, Sâmya Rodrigues; SANTOS, Silvana Mara de Moraes dos. Projeto Profissional e organização política do Serviço Social Brasileiro: lições históricas e lutas contemporâneas. *In:* SILVA, Maria Liduína de Oliveira e (org.). *Serviço Social no Brasil:* história de resistências e de ruptura com o conservadorismo. São Paulo: Cortez, 2016. p. 209-234.

RODRIGUES, Leôncio Martins. *CUT:* Os Militantes e a Ideologia. Rio de Janeiro: Paz e Terra, 1990.

SILVA, Lídia Maria M. Rodrigues da; BATTINI, Odária. Notas para a reconstrução da história do Serviço Social na Região Sul I. *Serviço Social e Sociedade,* São Paulo, n. 95, p. 109-138, mar. 2008.

CAPÍTULO 5

"AOS QUE VIERAM E JÁ FORAM E AOS QUE AINDA VIRÃO E IRÃO" – NOTAS ACERCA DO MOVIMENTO ESTUDANTIL DE SERVIÇO SOCIAL NO ESTADO DO PARANÁ

Ana Luiza Tavares Bruinje
André Henrique Mello Correa
José Lucas Januário de Menezes

INTRODUÇÃO

AOS QUE VIERAM E JÁ FORAM
E AOS QUE AINDA VIRÃO E IRÃO
Aos que vieram e já foram, agradecemos pela construção,
aos que ainda virão e que irão, pedimos paciência e compreensão.
Sair das demandas individuais e lutar pela coletiva,
Não é nada fácil, e nunca será [...]
O saber não vale de nada se não for compartilhado.
Contribuir para a luta coletiva não deixa de ser importante
quando você já não faz mais parte do protagonismo dela.
(Brenda Soares Rodrigues – Ex-Coordenação Nacional da ENESSO 2018/2019)

O artigo ora apresentado parte da organização e produção teórico-política de ex- militantes da Executiva Nacional de Estudantes de Serviço Social (ENESSO), portanto, o que segue é resultado de pesquisa teórica bibliográfica, mas também, e não haveria como ser de outra forma, reflete a maneira pela qual o cotidiano do movimento estudantil dialeticamente nos atravessa e é atravessado por nós, dando continuidade à histórica organização da ENESSO.

Temos como objetivo principal apresentar discussão acerca dos desafios e estratégias do Movimento Estudantil de Serviço Social (MESS), especificamente sua organização no estado do Paraná. Entretanto, tal objetivo só é possível a partir de uma análise histórico-crítica da constituição do MESS, em seu movimento vivo e dinâmico com a realidade social que o determina, portanto, imbuído sempre de seu caráter classista e cada vez mais antirracista, feminista, anticapacitista e antiLGBTfóbico.

Portanto, inicialmente, discorremos acerca dos aspectos da formação histórica do MESS, da ENESSO, apontando ao mesmo tempo o quadro conjuntural da classe trabalhadora, a organização estudantil, as vertentes polarizadas e de que maneira o Serviço Social se insere nesse movimento ampliado e, ao mesmo, tensiona, junto aos segmentos críticos da categoria, as transformações no aspecto do trabalho e da formação profissional. Na sequência, realizamos uma análise aprofundada a partir dos relatórios dos Encontros Paranaenses, partindo de materiais próprios arquivados, relatórios dos encontros locais, durante a vinculação direta das(os) autoras(es) no MESS, ainda, alguns registros anteriores, como a chamada de divulgação dos encontros no período de 2009 a 2011, carentes de informações mais robustas, foram possíveis em diálogo direto com pessoas conhecidas, ex-militantes que atuaram em período pretérito na ENESSO, e representantes de Centros Acadêmicos de Serviço Social. Neste momento buscamos evidenciar as agendas e pautas mais gerais expressas nos encontros, sua concomitância com a conjuntura nacional e local, fundamentalmente vinculadas ao fortalecimento da formação profissional. Por fim, indicamos alguns desafios e estratégias possíveis diante do atual cenário da luta de classes e, portanto, do movimento estudantil na cena contemporânea.

Ainda, este trabalho se expressa, por um lado, como uma forma de fomentar e ressaltar a importância da implementação de uma Política de Memória consolidada, sistemática, responsável e efetiva, tendo em vista que as discussões aqui apontadas só foram possíveis pelo acesso às relatorias dos encontros. Por outro lado, este trabalho é, por suas próprias características, um esforço no sentido de fortalecer essa Política de Memória, ainda incipiente, por meio da publicização da história, do registro, das principais discussões do MESS e dos desafios da cena contemporânea.

1 "A história não avança pedindo permissão" – apontamentos sobre a organização histórica do MESS

O objetivo desta parte é apresentar elementos históricos e conceituais acerca do Movimento Estudantil de Serviço Social, localizando essa forma de organização específica no quadro conjuntural das relações sociais no Brasil, o que nos fornece as bases para refletir sobre sua especificidade no estado do Paraná a partir dos relatórios dos Encontros Locais de Estudantes de Serviço Social (ELESS). Logo, o movimento dinâmico e rotativo com que avança e/ou é empurrado por crises à estagnação faz parte da dinâmica própria das lutas de classes no país.

Preliminarmente, é importante situar o MESS, pelo seu histórico de organização e contribuições à educação pública, nas lutas gerais de trabalhadores(as), assim como no processo de qualificação da formação em Serviço Social e, por sua vez, do próprio trabalho, junto a outros segmentos da categoria profissional. Em todos os momentos decisivos, principalmente no que se refere à construção da hegemonia do Serviço Social crítico, a partir do Movimento de Renovação e seus desdobramentos, esteve presente o MESS, seja nos seminários coletivos para a elaboração do Código de Ética de 1993 ou nas discussões acerca das Diretrizes Curriculares da ABEPSS de 1996. Da mesma forma, o MESS esteve ativo, talvez mais do que nunca, no processo de redemocratização do país e nas lutas democráticas. Portanto, partimos da concepção do papel fundamental do MESS na provocação crítica de estudantes de Serviço Social, sendo um eixo central da formação profissional que atravessa sua relação dialética com o trabalho; não só é a base desta relação (formação/trabalho), como também, por pautar-se nos mesmos princípios dirigidos pelo projeto societário ao qual se inscreve o Projeto Ético-Político, qualifica essa relação.

Há fragmentos históricos que permitem identificar protoformas de organização do MESS já em 1953[114], entretanto é apenas em 1963, junto ao conjunto de organizações das classes trabalhadoras, que, já desde os anos 1950, organizavam-se reivindicando melhorias salariais e que se intensificam nos anos 1960 (como é a experiência das Greves do ABC paulista), que surge a Executiva Nacional de Estudantes de Serviço Social (ENESS) no primeiro Encontro Nacional de Estudantes de Serviço Social, ocorrido em Porto Alegre (RS). Importante, entretanto, sinalizar que essa organização ainda não tinha o mesmo caráter de entidade consolidada, com estatuto aprovado pelas bases e a organização dos quadros de militantes, que vai se dar futuramente enquanto Subsecretaria de Estudantes de Serviço Social da União Nacional de Estudantes (SESSUNE) e ENESSO, porém representa uma mobilização do próprio MESS. Esse período, porém, é marcado pelo avanço e conquista do poder pela autocracia burguesa sob comando dos militares, deflagrando o Golpe Militar de 1964, o que foi seguido de repressão aos movimentos sindicais, perseguição política, censura e proibição de qualquer tipo de organização social.

[114] LIMA, Isabelle Cristina Custodio de. 40 anos do Movimento Estudantil de Serviço Social: desafios e perspectivas na atualidade. *Temporalis*, [*S.l.*], v. 19, n. 38, p. 37-51, 19 dez. 2019.

Sob o mando autoritário do governo ditatorial, esfacelaram-se e foram duramente reprimidas as organizações políticas e sindicais, da mesma forma, o Movimento Estudantil teve seus membros e lideranças perseguidos e seus documentos queimados[115]. Apenas no processo de reabertura política, em meados da década de 1970, que novamente parte de um movimento amplo de demais organizações de classe, o MESS rearticula-se. Esse processo de efervescência histórica no Brasil, que atravessa a década de 1970 e culmina na Constituição de 1988, teve atuante papel do Movimento Estudantil no geral, em especial, por meio da União Nacional dos Estudantes (UNE), e, por sua vez, de diversas Executivas e Subsecretarias por área compondo as bases e demais lideranças do Movimento Estudantil (ME).

Em outubro de 1978, em Londrina (PR), ocorre o denominado I Encontro Nacional de Estudantes de Serviço Social (ENESS) (pós-reabertura política), tendo como tema central "O Serviço Social e a Realidade Brasileira", buscando discutir o presente momento de disputas e ampliação de espaço no cenário político das organizações de classe, o que significa, no âmbito do ME, pensar em estratégias de ação possíveis em seu campo de atuação particular, qual seja, os meios universitários e secundaristas da educação e a luta político partidária mais ampla.

Aproximando-se da organização geral da categoria de assistentes sociais desse período de reabertura, tem-se a realização do III Congresso Brasileiro de Assistentes Sociais em 1979, conhecido como o Congresso da Virada, que marca um avanço na conquista processual da hegemonia profissional nas perspectiva crítica de compreensão da realidade, pautada em referenciais marxistas e marxianos e de direcionamento socialista e comunista, embora possam estar atravessados nas discussões posicionamentos reformistas também. Nesse mesmo sentido, ainda que no âmbito da categoria isso se dê um ano mais tarde, há a presença de segmentos estudantis, docentes e profissionais reunidos sob os mesmos princípios e perspectivas teórico-políticas que movimentavam estudantes do Serviço Social.

No IV ENESS, tendo como sede o Recife (PE), em 1981, além dos debates voltados a pensar a conjuntura da luta de classes no período, atinham-se às necessidades de afastar as concepções tradicionais do Serviço Social, demonstrando um alinhamento certeiro às discussões no âmbito da formação profissional, assim como uma preocupação com a concepção e

[115] LIMA, 2019, p. 40.

direcionamentos da atuação no trabalho. É ainda nesse Encontro deliberada a representação estudantil na então Associação Brasileira de Ensino em Serviço Social (ABESS), que passa a ingressar enquanto membro nessa associação, dialogando, tensionando e construindo coletivamente as discussões e rumos da formação profissional, demonstrando a ideia supra referida – "da articulação dos diferentes segmentos ligados diretamente ao Serviço Social"[116].

No início dos anos 80, outro debate presente em diversas frações por área do ME é a relevância e articulação da UNE enquanto representação máxima dos estudantes no Brasil. No MESS, esse elemento é agregado pela necessidade de uma entidade nacional consistente a ponto de dar ampla direção à atuação de militantes no vasto e múltiplo território brasileiro. Em 1986, no ENESS realizado no Rio de Janeiro, é feita a proposta de constituição da organização nacional como Subsecretaria da UNE, sendo um debate polarizado que não é deliberado naquele momento[117].

É, portanto, apenas em 1988, no X ENESS, que o MESS passa a organizar-se enquanto Subsecretaria de Estudantes de Serviço Social na União Nacional dos Estudantes (SESSUNE)[118], que terá papel fundamental nas construções progressistas no campo do Serviço Social junto à ABES e ao Conselho Federal de Assistentes Sociais (CFAS), não por isso, entretanto, perdendo seu sentido ampliado enquanto Movimento Estudantil ligado às lutas da classe trabalhadora. Sinal desse esforço teórico-político está presente na fala de Márcia Torres Rodrigues, no VI CBAS realizado em 1989, enquanto coordenadora da SESSUNE:

---

[116] LIMA, 2019, p. 41.

[117] "O marco do debate em torno da criação dessa entidade se deu no ENESS de 1986 (RJ), quando foi proposta novamente a ideia de constituir a SESSUNE a partir de um estatuto pré-elaborado por um grupo de estudantes. Outro grupo posicionou-se de forma contrária a esta ideia, argumentando que a nova entidade iria burocratizar o ME, dada a sua vinculação à estrutura hierarquizada da UNE. O argumento da burocratização fundamentava-se, também, no apelo para que os(as) estudantes investissem na representatividade e na articulação dessas entidades já existentes e, neste sentido, não deveriam criar novas entidades. Em decorrência dessas polêmicas, ainda não foi nesse encontro que a executiva nacional surgiu, isso só ocorreu dois anos depois, no ENESS e 1988, novamente sediado no Rio de Janeiro" (RAMOS; SANTOS, 1997, p. 149).

[118] "A nova entidade, criada em 5 de agosto de 1988, no X ENESS, de acordo com seu estatuto atual, tem como finalidades: articular os(as) estudantes de Serviço Social no País, promover o debate acerca dos problemas específicos dos(as) estudantes de Serviço Social, coordenar e organizar os Encontros Nacionais, Regionais e Estaduais junto à escola sede dos eventos, garantir um contato permanente dos(as) estudantes de Serviço Social com a categoria dos(as) Assistentes Sociais e suas entidades nacionais e latino-americanas e outras executivas de curso, viabilizar canais para maior conscientização dos(as) estudantes através das entidades de curso junto ao MS, reforçando e ampliando sua luta, promover o fortalecimento das entidades de base (CA's e DA's)" (RAMOS; SANTOS, 1997, p. 159-160).

> Para nós, a importância dessa participação está em discutirmos um projeto que não é apenas dos estudantes e profissionais do Serviço Social, mas da sociedade, dos trabalhadores. Temos, por outro lado, o privilégio de ser uma categoria de profissionais que está discutindo diretamente com os trabalhadores as consequências do processo de acumulação capitalista incrementado nos últimos trinta anos pelo capital internacional[119].

É no decorrer desse período de efervescência democrática e ampliação da participação social – ainda que esse processo não tensione diretamente a ordem capitalista estabelecida – que se tem um dos momentos de maior atuação do MESS no que se refere ao sentido de fortalecimento da perspectiva crítica da categoria profissional, materializado na produção do *anteprojeto sobre a formação profissional*, de 1992, antecedendo os debates coletivos em torno da construção das Diretrizes Curriculares da ABEPSS. O anteprojeto desenvolve-se enquanto uma ação contínua do MESS que tem origem na Campanha Nacional pela Formação Profissional do ano anterior. Embora vários pontos do anteprojeto não tenham tido continuidade em sua materialização na formação profissional, a construção coletiva demonstra um amadurecimento teórico-político, possibilitando afinar a atuação ampla no sentido da emancipação humana da classe trabalhadora, e a construção de estratégias de ação política no campo específico da área[120]. Ainda antes do fim da SESSUNE, outra importância de participação e construção coletiva fundamental se deu nos Seminários de Ética realizados entre 1991 e 1993, culminando no atual Código de Ética Profissional[121].

Essa maturidade teórico-política se dá, principalmente, pela atuação de militantes do MESS junto aos partidos políticos e pelas tendências destes, que se manifestavam na organização da juventude. No período compreendido pela SESSUNE e, em boa parte, posteriormente, enquanto Executiva Nacional de Estudantes de Serviço Social (ENESSO), a principal influência partidária é, sem dúvida, o PT e suas vertentes[122].

---

[119] RODRIGUES, Márcia Torres. Fala da Sessune. *Serviço Social:* as respostas da categoria aos desafios conjunturais: VI Congresso Brasileiro de Assistentes Sociais. Congresso Chico Mendes. 2. ed. São Paulo: Cortez, 1995. p. 152.

[120] RAMOS; SANTOS, 1997, p. 161.

[121] BRAZ, Marcelo; MATTOS, Maurílio Castro de. 30 anos de rearticulação do movimento estudantil em Serviço Social. *Serviço Social & Sociedade*, n. 96, ano XXIX, Cortez Editora, nov. 2008, p. 177.

[122] "Em 1995, disputa a direção da ENESSO o grupo formado pelo PDP [Projeto Democrático Popular] e outro grupo hegemonizado por estudantes militantes do PSTU. O PDP vence as eleições e continua com a direção da ENESSO. Em 1997, no XIX ENESS, em Campos/RJ, temos a criação de mais uma tendência no MESS: EQM ['Eu Quero Mais'] que chegou à diretoria da entidade em 1998. Este grupo também era uma tendência do PT, tendo

Esse direcionamento político reflete, também, uma tendência geral do Movimento Estudantil e dos próprios Movimentos Sociais alinhados às vertentes petistas da época que, podemos ver, espraiaram-se pela criação de diversas linhas. Esse alinhamento é fundamental para compreender a crise ideológica do começo dos anos 2000, embora não seja um fator determinante exclusivo. Desde a reestruturação produtiva dos anos 1970 e a ascensão do neoliberalismo enquanto forma de gestão política do capital, diversas mudanças na forma de organização, tanto das forças produtivas quanto das relações de produções, passam a se dar em diferentes esferas da sociedade. Quanto aos Movimentos Sociais, sem entrar em detalhes sobre como se deu esse processo, não sendo o foco deste artigo, há uma cooptação de lideranças e sindicatos gerais e por categoria, incluindo-os na esfera estatal e institucionalizando sua atuação, como a UNE. Essa crise ideológica que afeta tanto os Movimentos Sociais como o ME tem também como determinante a vitória nas urnas do governo petista, que esfacela os objetivos políticos anteriores, tendo então como representante máximo do Executivo o partido ao qual estavam ligadas importantes vertentes.

> O que cabe registrar aqui é um fenômeno que tem presença no conjunto da esquerda brasileira a partir de 2002: uma crise ideológica abateu os projetos políticos da esquerda – a socialista e a não-socialista (de corte anticapitalista). Tal crise tem dois determinantes principais: primeiro, expressa-se num evidente esvaziamento dos movimentos sociais que tiveram seus quadros absorvidos pela máquina estatal do governo federal, acarretando consequências para o conjunto da luta política que tem sido marcada por uma aberta cooptação de lideranças; o segundo determinante da crise ideológica da esquerda brasileira expressou-se no abandono, parte do PT, da crítica e da resistência ao neoliberalismo, tendo em vista que o governo federal tem na Presidência o representante máximo do Partido dos Trabalhadores[123].

Dentro do MESS essa crise expressa-se mediante a ampliação acerca da discussão da legitimação da UNE enquanto representação máxima de estudantes do Serviço Social, debate tensionado pelas vertentes do PSTU, as quais defendiam organizações alternativas, em âmbito nacional

---

um vínculo forte com a tendência do PT denominada Articulação de Esquerda (AE). A conquista da ENESSO pela EQM foi um fato que marcou um novo ciclo no MESS através das disputas políticas cujas divergências foram apresentadas nas teses. Isto significou também um estopim na explosão de conflitos e tensões no que diz respeito aos grupos que disputavam a diretoria da ENESSO" (SILVA, 2011, p. 89).

[123] BRAZ; MATOS, 2008, p. 179-180.

da categoria estudantil, como a Assembleia Nacional de Estudantes Livres (ANEL). Entretanto, apenas em 2010 é suprimido do Estatuto da ENESSO o reconhecimento da UNE enquanto representação máxima, embora não sinalize alternativas de organização nacional ampliada.

Ainda, cabe ressaltar que, apesar da crise ideológica que se apresenta nos Movimentos Sociais no geral e as mudanças nas relações produtivas que fragmentam as organizações classistas de cunho revolucionário, o MESS resiste. O esforço da categoria de estudantes na luta pela formação profissional e contra a desinformação durante a pandemia da Covid-19 e os enfrentamentos realizados em âmbito nacional, assim como por militantes de base nas esferas dos Colegiados de Curso, revelam o caráter ativo da ENESSO, embora os desafios sejam inúmeros, como veremos adiante.

2 MESS no estado do Paraná: agendas de lutas expressas nos Encontros Locais

A Executiva Nacional de Estudantes de Serviço Social (ENESSO) possui em sua divisão política sete regiões que contemplam todo o território nacional. O Paraná juntamente a Santa Catarina e Rio Grande do Sul formam a sexta região da ENESSO, tratada nominalmente como Região VI ou apenas RVI.

Em pesquisa recente no site do E-MEC (2022), observa-se um total de 75 Instituições de Ensino Superior[124] (IES), que ofertam o curso de Serviço Social no Paraná, derradeiramente, espaços formativos de contingente expressivo de estudantes, futuros(as) assistentes sociais. Temos de forma mais específica, o seguinte panorama geral de cursos de Serviço Social, tidos como ativos:

a. 10 Escolas de Serviço Social, vinculadas a Universidades Públicas – Presenciais –, sendo oito estaduais e duas federais;
b. 10 vinculados a Universidades, Centros Universitários ou Faculdades Privadas – Presenciais;
c. 51 vinculadas a Centros Universitários do Ensino a Distância, quatro ainda não iniciadas[125].

[124] Levantamento dos cursos credenciados no e-Mec entre agosto e outubro de 2022.

[125] Quanto à expansão do Ensino a Distância na graduação em Serviço Social, consultar: Vidal (2016); Antunes (2017); Melin (2017); Gaio (2018).

Tal panorama apresenta uma particularidade do estado do Paraná no que se refere às escolas de Serviço Social: temos em nosso estado uma quantidade expressiva de Universidades Públicas estaduais e federais presenciais, além de IES privadas presenciais, ambas distribuídas pelo território do estado. Outra questão que devemos considerar é a quantidade de IES na modalidade a distância, pulverizadas em diferentes localidades do Paraná.

Esse quadro coloca desafios, inclusive no âmbito da organização coletiva e articulação do MESS, em todas as modalidades de ensino, mas é inegável que a ausência de encontros presenciais dificulta a aproximação de estudantes ao MESS, considerando que o principal meio de recrutamento da Executiva são as apresentações do Movimento Estudantil por meio das recepções de calouras(os) e outras intervenções conhecidas popularmente como "ABC do MESS"[126], presentes em praticamente todos os encontros estudantis com a intenção principal de apresentar elementos históricos que constituem o MESS, bem como sua organização e estrutura.

Nesse caminhar, tomamos como desafio elucidar algumas notas em torno dos acúmulos do MESS no estado do Paraná, sem a pretensão de esgotar o debate a respeito do tema. Para tal análise, escolhemos como caminho a utilização dos registros dos Encontros Locais de Estudantes de Serviço Social (ELESS).

Conforme preconiza o Estatuto da ENESSO, em vigência:

> Art. 29.º O Encontro Local de Estudantes de Serviço Social – ELESS é uma "instância organizativa da ENESSO, tendo como objetivo a organização da base de estudantes de Serviço Social por meio do fomento da reflexão e a" participação das(os) estudantes na construção de estratégias de luta e resistências às demandas das(os) estudantes de Serviço Social da região a partir das especificidades de cada localidade.
>
> Parágrafo Único: O artigo acima respeitará as particularidades das regiões que "tem o ELESS como espaço político organizativo e indicativo, no sentido de" trabalhar as indicações das representatividades para os espaços de construção do MESS[127].

O presente artigo expressa a natureza organizativa do ELESS, destacando a importância das agendas de lutas sociais, a nível de con-

[126] A exemplo dos materiais de base, como as cartilhas "ENESSO: Que bicho é esse?"; e a cartilha de formação e organização dos Centros Acadêmicos.

[127] ENESSO. *Estatuto da Executiva Nacional de Estudantes de Serviço Social*, 2019, p. 17.

juntura local, considerando as particularidades regionais e fortalecendo a organização de base estudantil, sendo eles principalmente formados por Centros e Diretórios Acadêmicos. Ainda em seu parágrafo único, apresenta que além da natureza organizativa, algumas regiões utilizam os espaços dos ELESS para indicar suas representantes à Executiva que deverão ser deliberadas nos respectivos encontros que possuem tal natureza, demonstrando diversidade de formatos de organização desse Encontro no território nacional.

É importante reiterar, conforme anteriormente aludido, que os registros dos ELESS, os quais tomamos como ponto de partida para esta escrita, decorreram de materiais próprios arquivados, relatórios dos encontros locais, durante a vinculação direta das(os) autoras(es) no MESS, ainda, alguns registros anteriores, como a chamada de divulgação dos encontros no período de 2009 a 2011, carentes de informações mais robustas, foram possíveis em diálogo direto com pessoas conhecidas, ex-militantes que atuaram em período pretérito na ENESSO, e representantes de Centros Acadêmicos de Serviço Social. Não sendo possível identificação, de relatório final, desses encontros, ainda sem o aviltamento de encontros locais anteriores, que podem ter ocorrido enquanto processo de articulação a nível de estado. Por certo, é nessa direção que subjaz o período analisado, que nos aporta pistas fundamentais da direção política do MESS a nível de estado, a centralidade de suas bandeiras de lutas, as potencialidades e desafios postos na conjuntura de articulação na ordem do dia.

É importante salientar que as orientações das bandeiras de luta do MESS encontram base no Estatuto (2020) e no Caderno de Deliberações da Executiva. Os espaços organizativos do MESS, ou seja, seus encontros, têm as discussões direcionadas a partir de seis eixos, sendo: Conjuntura, Movimento Estudantil, Universidade e Educação, Formação Profissional, Cultura e Combate às Opressões.

Indo nessa direção, apresentamos a seguir, um quadro geral de sistematização dos ELESS, identificados no período de 2009 a 2011 e posteriormente, correspondente ao período de militância das(os) autoras(es) na ENESSO, do ano de 2015 a 2019, respectivamente, para fins de análise e mediações teórico-metodológicas acerca da articulação do MESS no estado do Paraná, suas potencialidades, agenda e desafios fundamentais na atual quadra histórica.

Quadro 1 – Encontros Locais de Estudantes de Serviço Social: Estado do Paraná

Escola Sede/ Ano	**Tema do Encontro (Ano)**	**Escolas Participantes**	**Total de Participantes**	**Síntese geral – principais debates**
Faculdades Integradas Espírita – FIES 28/03 de 2009	I ELESS – "Quem sabe mais luta melhor"	Sem registro	Sem registro	Formação Profissional e Projeto Ético-Político, Memórias da ditadura, Movimento Estudantil
Faculdade Estadual de Ciências Econômicas FECEA – Apucarana 12 a 13/06 de 2010	I EPESS	Sem registro	Sem registro	Sem registro
Faculdades Integradas Espírita – FIES 10/04 de 2010	II ELESS – "O conhecimento nos faz responsáveis"	PUC/PR, UNIBRASIL, FIES	Sem registro	Sem registro
Pontifícia Universidade Católica do Paraná PUC/PR 26/03 de 2011	III ELESS	PUC/PR, UNIBRASIL, Bagozzi, UFPR - Litoral	Sem registro	Movimento Estudantil e Formação Profissional, Direito à Comunicação, Jornada de 30 horas, Conjuntura Local

Escola Sede/ Ano	Tema do Encontro (Ano)	Escolas Participantes	Total de Participantes	Síntese geral – principais debates
Universidade Estadual do Oeste do Paraná – Unioeste Toledo 06 a 08/11 de 2015	"Lutar, resistir e colorir a luta": Movimento Estudantil de Serviço Social	Sem registro	Sem registro	Gênero, Sexualidade e formação profissional; Universidade Popular e Movimento Estudantil
Pontifícia Universidade Católica do Paraná – PUC/PR 25 a 27/11 de 2016	"Unificando as Lutas em Tempos de PEC/241"	UEPG, UFPR – Setor Litoral, UNESPAR-Campus Apucarana, UEL, Unibrasil, UNIOESTE – Campus Toledo e Escola Sede	48 estudantes (7 IES)	Conjuntura Nacional e Estadual – ataques a Educação Pública, Reforma do Ensino Médio, condições técnicas de trabalho profissional, estágio
Universidade Estadual do Paraná – UNESPAR Campus Apucarana 12 a 15/10 de 2017	EPESS Vermelho – "Em tempos de RICHA, o MESS avança e se fortalece, pois não temos nada a TEMER"	UEPG, UEL, UEM, FATEC, Unibrasil, UNIOESTE – Campus Toledo, PUC/PR, UFRGS e Escola Sede	55 estudantes (9 IES)	Conjuntura Nacional e Estadual, retrocessos direitos sociais e avanço conservador, Movimento Estudantil, Saúde Mental e Militância, Formação Profissional e Projeto ético-político, Criminalização Movimentos Sociais, Cultural

Escola Sede/ Ano	Tema do Encontro (Ano)	Escolas Participantes	Total de Participantes	Síntese geral – principais debates
Universidade Estadual de Ponta Grossa – UEPG 02 a 04/11 de 2018	"64 Nunca Mais: A democracia na contemporaneidade e o Serviço Social em debate"	UNIOESTE – Campus Toledo, PUC/PR, UNIBRASIL, FATEC, UNESPAR – Campus Apucarana, UEM, UEL, UNIOESTE – Campus Francisco Beltrão, UFPR – Setor Litoral, UNICENTRO – Guarapuava e Escola Sede	104 estudantes (11 IES)	Conjuntura Nacional e Estadual, Ditadura e fascismo, Projeto Ético-Político Profissional, Movimento Estudantil, Combate às Opressões – Luta pela terra, antirracista, antiLGBTfóbica e antipatriarcal, Formação Permanente – Residência, Mestrado, outros espaços, Revisão Estatutária
Universidade Estadual de Londrina – UEL 15 a 17/11 de 2019	EPESS – Vilma Yá Mukumby: A história não avança pedindo permissão	UEPG, UEM, Unespar – Campus Apucarana, UFPR – Setor Litoral, FATEC, Unibrasil, UNOPAR e Escola Sede	80 estudantes (aproximado) (08 IES)	Conjuntura Nacional e Estadual, Ataque as IES Públicas – META, Especismo e exploração animal, Movimento Periféricos e trabalho de base, Combate

Escola Sede/ Ano	Tema do Encontro (Ano)	Escolas Participantes	Total de Participantes	Síntese geral – principais debates
				às Opressões – antiproibicionismo, antirracista, antiLGBTfóbica e antipatriarcal, luta dos povos indígenas

Fonte: arquivo pessoal – Memórias de Reuniões dos Encontros Locais. Sistematização das(os) autoras(es) (2022)

Observa-se no Quadro I uma aparente imprecisão inicial, quanto à designação acerca do nome do encontro – "ELESS" ou "EPESS", o que dificulta em alguma medida presumir o início e a edição exata dos encontros, ao que pese, sem aparente prejuízo aos acúmulos e à natureza mesma da *localidade*, enquanto espaço de discussão no contexto do estado do Paraná.

Não foi possível a identificação de informações importantes nos encontros iniciais, considerando a ausência mais robusta e sistematizada, sendo que o que foi possível coletar no período de 2009-2011, por meio de contatos diretos com profissionais, estudantes e militantes à época, foram apenas informações mais pontuais, como um "card" de chamada do evento – bastante geral no seu conjunto. Nesse período, apenas em dois dos quatro encontros registrados observa-se o tema geral, circundando temáticas, que permanecem presentes na agenda da categoria profissional e do movimento estudantil, como: formação profissional, direito à comunicação[128], jornada de 30 horas, movimento estudantil.

Destaca-se que o debate e os acúmulos em torno da formação profissional têm se apresentado como uma das prioridades da agenda política do MESS, considerando sua inserção nessa dinâmica construtiva junto às instâncias da categoria (Conjunto CFESS-CRESS, ABEPSS) a partir das demandas da base. Por certo, cumprindo esse direcionamento.

---

[128] Destaca-se a centralidade desse debate na atual quadra histórica na agenda do conjunto CFESS-CRESS, a exemplo das deliberações dos registros nos relatórios da Plenária Nacional 2020, 2021 e 2022 do Conjunto. Na ocasião do 49.º Encontro do Conjunto CFESS-CRESS, em Alagoas/Maceió, entre os dias 8 e 11 de setembro, foi aprovada a 4.ª edição da Política Nacional de Comunicação (apresentada e discutida previamente no 6.º Seminário Nacional de Comunicação), ocorrido na mesma oportunidade.

> [...] evidencia-se o protagonismo político do MESS, sendo um diferencial no processo histórico do Serviço Social brasileiro e, além disso, enquanto dimensão político-organizativa do segmento estudantil, possui papel essencial no fortalecimento da organização política da categoria profissional, no exercício profissional do/a assistente social enquanto possibilidade de materialização de elementos do Projeto Ético-Político e, não obstante, para o robustecimento das lutas sociais[129].

Coloca em xeque numa perspectiva crítica determinantes por vezes rígidos e/ou ausentes, invisibilizados nas lógicas curriculares e pedagógicas no processo formativo, tensionando (re)interpretações na cena contemporânea dos elementos que permeiam o conjunto das relações sociais, seja na sala de aula, seja nos campos de estágio junto aos(às) profissionais supervisores(as) de campo.

Na atual quadra histórica, é certo que "os novos perfis assumidos pela questão social frente à reforma do Estado e às mudanças no âmbito da produção requerem novas demandas de qualificação [...][130]". Como observa Iamamoto:

> Decifrar as novas mediações por meio das quais se expressa a "questão social" hoje é de fundamental importância para o Serviço Social em uma dupla perspectiva: para apreender as várias expressões que assumem, na atualidade, as desigualdades sociais — sua produção e reprodução ampliada – e para projetar formas de resistência e de defesa da vida e dos direitos, que apontam para novas formas de sociabilidade[131].

O deciframento dessas determinações é imprescindível e central na atual quadra histórica brasileira, à medida que "Amplia-se a criminalização das classes subalternas, especialmente de jovens, trabalhadores, negros e dos seus movimentos e expressões coletivas"[132].

Imperando-se nesse entendimento uma formação profissional que implique necessária articulação das bases teórico-metodológicas, ético-

[129] MOREIRA, Tales Willyan Fornazier; CAPUTI, Lesliane. O protagonismo do movimento estudantil de serviço social brasileiro: contribuições para a (re)construção da profissão. Universidade e Sociedade #59. ANDES-SN, janeiro de 2017, p. 138.

[130] ABEPSS. *Diretrizes Gerais para o curso de Serviço Social*, 1996, p. 4.

[131] IAMAMOTO, Marilda Vilela. A formação profissional no Serviço Social brasileiro. *Serv. Soc. Soc.*, São Paulo, n. 120, p. 609-639, out./dez. 2014, p. 619.

[132] IAMAMOTO, Marilda Vilela. Renovação do Serviço Social no Brasil e desafios contemporâneos. *Serv. Soc. Soc.*, São Paulo, n. 136, p. 439-461, set./dez. 2019 p. 456.

-políticas e técnico-operativas, para fins de "apreensão crítica do processo histórico como totalidade, tal qual, do significado da profissão desvelando as possibilidades contidas na realidade".[133]

Outro aspecto, que chama atenção nesse primeiro período de articulação dos encontros a nível de Paraná, é a concentração na capital do estado, no município de Curitiba, e a organização coletiva com as escolas locais.

Posterior a esse período, verifica-se um *hiato* de três anos, até a realização do Encontro Local, sediado pela Unioeste Toledo, em 2015, cujos temas gerais atravessaram, em torno dos seguintes eixos: Gênero, Sexualidade e formação profissional; Universidade Popular e Movimento Estudantil.

Nos anos seguintes de 2016-2019, quando se registra, até então, o último encontro local, realizado em Londrina, onde não ocorreu a deliberação de escola sede para o ano de 2020[134], período também antecedente à Pandemia de Emergência Internacional da Covid-19, que colocou desafios centrais à formação profissional[135] e à articulação do MESS[136], em todos os seus âmbitos, diga-se de passagem, convidando um *reinventar-se* dentro das possibilidades colocadas.

---

[133] ABEPSS, 1996, p. 7.

[134] Na ocasião do EPESS (2019), realizado em Londrina, não ocorreu deliberação de Escola Sede, sendo encaminhado, conforme a relatoria final do encontro. Atenta-se que o Estatuto da ENESSO não estabelece disposições claras a respeito dos Encontros Locais, haja vista sua natureza não deliberativa. Nesse sentido, conforme interpretação geral do estatuto em vigência à época (2013), ao se referir à plenária final ERESS (Art. 10 – b), entende-se como atribuição da Gestão Regional da ENESSO (RVI), no prazo de 60 dias após o encontro, a articulação para fins de possível escola sede para o VI EPESS 2020. O que não se verificou, nesse caminhar, a emergência da Pandemia da Covid-19 potencializou, em alguma medida, dificuldades no que tange aos processos organizativos, colocando dilemas candentes na conjuntura posta.

[135] Ver documentos e notícias: ABEPSS – Relatório Nacional de Estágio: Reflexões a partir do Formulário acerca da Situação do Estágio em Serviço Social durante a pandemia; A Formação em Serviço Social e o Ensino Remoto Emergencial (2021); Notícias – ABEPSS se posiciona pela suspensão do calendário acadêmico no âmbito da graduação e da pós; ABEPSS se manifesta pela suspensão das atividades de Estágio Supervisionado em Serviço Social; CFESS divulga nota sobre o exercício profissional diante da pandemia do Coronavírus; COFI/CFESS responde: 8 dúvidas frequentes no contexto da pandemia do Coronavírus; Nota da ABEPSS: Os impactos da pandemia da Covid-19 (coronavírus) e as medidas para a Educação.

[136] N.E.: Verifica-se que em âmbito das representações, regionais e nacional, foi necessário estender as gestões, haja vista a nova dinâmica posta pela pandemia da Covid-19. O último Encontro Nacional ocorreu em Curitiba, 2019 – ENESS Gralha Azul. Em 2020, ocorreu o adiamento do XLII CONESS, a ser realizado em Juiz de Fora/MG, sendo convocado entre os dias 27 e 28 de março de 2021, no formato remoto – o CONESS Extra, com o tema: *Lutar para estudar, estudar para lutar! Pandemia, Ensino Remoto e rearticulação do MESS*, em que decorreu a votação para a composição da Comissão Gestora Nacional 2021-2022 – *Para que o amanhã não seja só um ontem*. No ano de 2022, ainda, no formato on-line, ocorre o 2.º CONESS Extraordinário, com o tema: *Quem não se movimenta, não sente as correntes que o prende*, entre os dias 27 e 28 de agosto, em que foi deliberada a Comissão Gestora Nacional 2022-2023 – "Se o presente é de luta, a nós pertence o futuro!"

Retomando a análise dos Encontros Locais, no período, observa-se fundamentalmente a centralidade da agenda de conjuntura, ante os ataques à classe trabalhadora e à educação pública a nível Nacional e Estadual – 2016 marca o golpe jurídico-parlamentar[137] contra a presidenta eleita, Dilma Rousseff (PT), a entrada de Michel Temer (MDB) e um aprofundamento da agenda neoliberal no desmonte das políticas sociais, com céleres rebatimentos na política de educação e em especial às universidade públicas, com avanço da iniciativa privada no setor, intensificada nos anos seguintes pela agenda do Governo Bolsonaro (PL), para o setor e a gestão enfadonha do Ministério da Educação, mais instável da história do Brasil. A exemplo: Future-se (PL n.º 3076/2020) e ReUni Digital – *para ampliar o acesso e fomentar a permanência dos discentes na educação superior, por meio da educação a distância (EaD[138])*, para ficar nesses dois exemplos.

A nível do estado do Paraná, as Universidades Públicas sofreram um ataque direto durante a gestão de Beto Richa (PSDB – Governo no período: 2011-2018). O governo de Ratinho Júnior (PSD) aprofunda esse projeto neoliberalizante e ataque à educação e à autonomia das Universidades Estaduais, a exemplo da PEC-241 e da Lei Geral das Universidades, significando uma *morte por dentro*, completamente repudiada pelo movimento estudantil, a exemplo do tema geral do Encontro Local de 2016, realizado na PUCPR e sindicato de docentes, das IES Estaduais[139].

Dando um salto em outros aspectos da análise dos temas centrais, na agenda dos Encontros Locais, é premente a presença dos temas acerca de combate às opressões, principalmente na intensificação do debate em torno da agenda das relações étnico-raciais e da luta antirracista. Nesse contexto geral, em que se desenvolvem os encontros, cabe lembrar o desenrolar da Campanha Nacional do Conjunto CFESS-CRESS (2017-2020) – *Assistentes Sociais no Combate ao Racismo* –, o lançamento pela ABEPSS em 2018 dos

---

[137] Trata-se do golpe jurídico-parlamentar de retirada da presidente eleita Dilma Rousseff, em 2016, que envolveu uma gama de aparelhos de dominação burguesa na sua arquitetura e consumação: Judiciário, Parlamento, Polícia Federal, Mídia-Jornalística na TV aberta e outros meios. Numa sessão que durou mais de 9 horas na câmara dos deputados – a vitória da oposição no assim chamado *impeachment* ocorreu por 367 votos favoráveis contra 137 contrários. Ademais, "A particularidade desse golpe reside na manutenção do regime democrático, isto é, o golpe foi articulado e processado no interior e por meio dos dispositivos da democracia liberal burguesa" (CASSIN, 2022, p. 20).

[138] Totalmente refutado por inúmeras entidades. Inclusive a ABEPSS se posicionou ao contrário na oportunidade do lançamento. ABEPSS se posiciona contrária aos retrocessos do REUNI Digital e de uma minuta da UFMA. 30/06/2022. *Projetos descaracterizam a universidade pública e mercantilizam a educação.*

[139] *Plural Curitiba*: no apagar das luzes, governo quer votar com urgência lei que ameaça autonomia das universidades estaduais. Proposta tramita em regime de urgência. Até a OAB-PR já se manifestou pedindo mais tempo para discussão. Por Angieli Maros. 10/12/2021.

documentos "As cotas na pós-graduação: orientações da ABEPSS para o avanço do debate" e "Subsídios para o Debate sobre a Questão Étnico-Racial na Formação em Serviço Social".

Em decorrência dos 40 anos do Congresso da Virada de 1979 (III CBAS), foi realizado pela ENESSO o Seminário Nacional de Formação Profissional e Movimento Estudantil de Serviço Social (SNFPMESS), em Niterói, entre os dias 15 e 18 de janeiro de 2020, com o tema "A virada agora é Preta! 40 anos da virada por uma práxis antirracista".

> [...] o MESS enquanto um espaço coletivo que possibilita a formação política e teórica dos(as) estudantes, faz interlocução e fortalece a direção social do projeto de formação profissional hegemônico do Serviço Social brasileiro, que tem a perspectiva de totalidade da realidade social[140].

Acentua-se profundamente no âmbito das escolas de Serviço Social, a nível de Brasil, a necessidade da pauta de uma formação profissional, comprometida com a luta antirracista, evidenciando a necessidade de reformulações curriculares frente às demandas do tempo presente[141].

Seguindo a mesma linha de discussão evidenciada pelas entidades representativas das/dos assistentes sociais no triênio, o V EPESS ocorreu entre os dias 15 e 17 de novembro de 2019 e trazia como nome/tema "Dona Vilma Ya Mukumby – A História Não Avança Pedindo Permissão", reivindicando logo no nome/tema do encontro uma importante liderança do Movimento Negro em Londrina. Dona Vilma, mulher negra, candomblecista, militante, importante liderança do movimento negro em Londrina, foi imprescindível para a implementação das cotas na Universidade Estadual de Londrina e também pela implementação da lei 10.639/03, que versa sobre o ensino da história e cultura afro-brasileiro nas escolas. Teve sua vida dedicada à religião e à militância pela vida e dignidade da população negra. Dona Vilma ancestralizou em 2013 por conta de um brutal assassinato motivado por racismo religioso. Além de Dona Vilma, de 63 anos, na mesma noite foram mortas sua mãe, de 86 anos, e sua neta, de 10, três gerações ceifadas de uma só vez.

[140] MOREIRA; CAPUTI, 2017, p. 132.

[141] Nesse período, a nível de Paraná, citamos a produção de alguns Trabalhos de Conclusão de Curso (TCCs) de estudantes, militantes da ENESSO no estado, que abordaram a temática das Relações Étnico-Raciais: "Minha voz, uso pra dizer o que se cala" – A Educação das Relações Étnico-Raciais na Formação Profissional em Serviço Social (André Henrique Mello Correa, UEPG, 2019); Discussão do racismo no currículo do curso de Serviço Social nas Universidades Estaduais do Paraná (Isabela Cristina Pereira, UEL, 2019); (Thais Santos, UFPR Litoral, 2019); O Serviço Social e a Discussão da Questão Étnico-Racial: O caminho para a construção de uma nova ordem societária (Thais Rodrigues, UFPR Litoral, 2020).

Essa importante indicação de nome/tema realizada pela Comissão Organizadora do V EPESS buscava na mesma medida evidenciar uma importante história de luta e também apresentar a realidade violenta e opressiva vivenciada pela população negra dentro e fora da universidade.

Ainda em tempo, destacamos que o Conselho Universitário da Universidade Estadual de Londrina, em alusão ao mês da consciência negra de 2022, concedeu a honraria máxima à Dona Vilma, o título de doutora honoris causa pela sua importante liderança, entregue em 18 de novembro do mesmo ano[142].

Esse foi o último Encontro Local realizado, como já destacado, não sendo deliberada escola sede para o encontro seguinte, nem após os 60 dias seguintes ao encontro. Tal conjuntura de dificuldades de articulação, pode-se dizer, encerra um *ciclo*, complexificado pelas demandas e dinâmicas postas no contexto da pandemia da Covid-19. Inúmeros estudantes se formaram no contexto de pandemia e outros ingressaram na universidade no seu contexto, com diferentes momentos de articulação ou desarticulação do MESS, na realidade de cada escola de Serviço Social, no estado, por certo, impossibilitando um processo de renovação de quadros mais efetivo.

Dando um salto nessas trincheiras, no ano de 2022, a nível da RVI, ocorreu o *XLII ERESS – Antonieta de Barros: nós somos porque outras foram antes de nós*, sediado pela Universidade Federal de Santa Catarina (UFSC), entre os dias 16 e 19 de junho. Não se tem até o presente momento a relatoria final do encontro, para fins de análises mais gerais das deliberações, contudo é um importante indicativo de horizontes da (re)articulação a nível regional e local do MESS, considerando a deliberação da Coordenação Regional (CR) da ENESSO – Gestão Dona Ivone Lara 2022/2023 –, com representações de estudantes do estado do Paraná, já ocorrendo seu Planejamento Estratégico Regional (PER), entre os dias 24 e 25 de setembro, considerando os eixos gerais de organização da executiva[143].

3 Considerações finais

Frente à exposição mais geral esboçada, apresentamos alguns pontos de síntese que acreditamos importantes, à medida que nos apontam hori-

[142] Referência do movimento negro, Yá Mukumby recebe título honoris causa *in memoriam*. O Perobal. Pedro Livoratti – Agência UEL. Publicado em 21 de novembro de 2022, 14h57.

[143] Informações gerais, coletadas pelo perfil do Instagram do ERESS XLII – Antonieta de Barros: nós somos porque outras foram antes de nós (UFSC, 2022) – @eress_xlii e da ENESSO RVI – @enessorvi.

zontes do amanhã desejado, ainda que não esgotemos o conjunto de temas e pautas de discussão nas suas especificidades, nos encontros assinalados, o que não coloca menor importância à sua necessidade de aprofundamento (*saúde mental e universidade, residência em saúde e residência técnica, conservadorismo e formação profissional, lutas anti-opressivas etc.*).

Por um lado, é possível perceber pela análise histórica e dialética do MESS que estudantes de Serviço Social continuam tensionando tanto no campo da luta ampliada da classe trabalhadora como, principalmente, dentro da categoria profissional. Evidente quando crescem não só quantitativamente os espaços para discussão da realidade brasileira, da questão racial e do trabalho profissional, mas também se dá qualitativamente, aprofundando discussões antes preliminares, incorporando referencial teórico-crítico. Profissionais que na formação são atravessados pelo MESS, e/ou o constroem, passam também a desenvolver um giro epistemológico[144] que possibilita novos objetos de pesquisa no campo da pós-graduação na área. E são esses profissionais, formados nos movimentos sociais e no próprio MESS, que, majoritariamente, vão encabeçar o mesmo giro no âmbito do trabalho e da formação em Serviço Social.

Entretanto, por outro lado, se os desafios sempre foram grandes, tendem ainda a se complexificar sob o mesmo pilar, a contradição fundamental do capitalismo, expresso no aumento da cooptação ideológica da esquerda por meio das reformas do capital no âmbito produtivo e de gestão estatal, na intensificação do controle do neoliberalismo, reduzindo investimentos sociais e ampliando o financiamento público do setor privado, no avanço de perspectivas pós-modernas que retiram a centralidade das contradições entre classes e a sua estrutura necessariamente hierárquica. Tudo isso produz uma série de rebatimento em forma de obstáculos ao MESS, como a maximização da precarização do ensino público junto à desmoralização do conhecimento científico e da própria verdade, descredibilizando movimentos estudantis; o crescimento das faculdades de Ensino a Distância; o aligeiramento de desqualificação da formação profissional etc.

Ainda, elementos na cena contemporânea a partir da pandemia e governo Bolsonaro, o que é alvo de resistência, são ataques fascistas, racistas, machistas e LGBTfóbicos nos encontros virtuais, com invasão de

---

[144] SOUZA, Cristiane Luiza Sabino. Racismo e luta de classes: contribuição para a análise da realidade latino-americana. *In: Anais [...]* Encontro Internacional e Nacional de Política Social. Questão social, violência e segurança pública: desafios e perspectivas. v. 1, n. 1, 2020.

salas on-line. É relevante a apropriação das plataformas de comunicação on-line para a organização do MESS?[145]

Diante desses desafios e obstáculos, indicamos algumas estratégias possíveis a partir da análise realizada nesse momento. Primeiramente, o que acreditamos ser um caminho de reflexão coletiva diz respeito à construção de uma política de memória mais sistematizada a nível local e regional, vinculada ao site da ENESSO Nacional, para além da divulgação dos eventos, que se faz imprescindível, mas congregando as memórias dos encontros e a importância de elementos que padronizam seus aspectos mais gerais (registros, fotos das mesas, deliberações, dentre outras nuances).

Dentre o conjunto de estratégias, postos na carta de apresentação da Comissão Gestora Nacional 2022/2023, destacamos os seguintes, em diálogo com o debate aqui apresentado:

a. Construção do Fórum Nacional em Defesa da Formação e do Trabalho Profissional com Qualidade em Serviço Social e fomento na construção dos Fóruns Regionais;
b. Promover a aproximação e articulação com as regionais e escolas afastadas da Executiva;
c. Compromisso na retomada de articulação com os movimentos sociais e estudantis;
d. Compromisso com a organização e realização do Encontro Nacional de Estudantes de Serviço Social (ENESS), mediante a possibilidade de encontros presenciais no próximo ano.

Esse conjunto de estratégias, sem dúvida, frente ao contexto de renovação de quadros do MESS, considerando seu caráter rotativo, a nível nacional e em particular ao nível do Estado do Paraná, são indicativos e horizontes importantes no fortalecimento de sua (re)articulação local, a nível de CAs e Das, e mais amplo no fortalecimento do diálogo do conjunto das escolas e suas realidades.

Aqui, longe de esgotarmos o debate, à guisa de quem segue avante de mão dada ao mesmo rumo, nos dizeres assertivos de Guimarães, o tempo presente, de flagelos e ataques deletérios ao conjunto da classe trabalhadora, de avanço conservador em seu caráter mais reacionário[146], nos convidam

---

[145] CFESS. *Plenária Nacional do Conjunto Cfess – Cress – Tic*: Novas tecnologias para a velha exploração do trabalho RELATÓRIO FINAL, 2 a 4 de outubro de 2020.

[146] MOTA, Ana Elizabete; RODRIGUES, Mavi. Legado do Congresso da Virada em tempos de conservadorismo reacionário. *Revista Katálysis, Florianópolis*, v. 23, n. 2, p. 199-212, maio/ago. 2020.

a coragem e a ousadia a um constante "(re)encantar-se[147]" na afirmação e defesa da direção social estratégica da categoria profissional. A exemplo do nome da Comissão Gestora Nacional 2022-2023, é premente que o MESS permanece vivo, afinal "Se o presente é de luta, a nós pertence o futuro!"

REFERÊNCIAS

ABEPSS. *Notícias – Confira as publicações da ABEPSS diante da COVID-19.* 8 maio 2020. Disponível em: https://www.abepss.org.br/noticias/confira-as-publicacoes-da-abepss-diante-da-covid19-373. Acesso em: 5 nov. 2022.

ANTUNES, Andressa Elisa Martos. *O movimento de expansão dos cursos de graduação em serviço social no estado do Paraná:* a particularidade da educação a distância. 2017. 213 f. Dissertação (Mestrado em Serviço Social) – Universidade Estadual do Oeste do Paraná, Toledo, 2017. Disponível em: https://bdtd.ibict.br/vufind/Record/UNIOESTE-1_5257d05e664374b7d8b54331a505ce87. Acesso em: 5 nov. 2022.

BRAZ, Marcelo; MATTOS, Maurílio Castro de. 30 anos de rearticulação do movimento estudantil em Serviço Social. *Serviço Social & Sociedade,* n. 96, ano XXIX, Cortez Editora, nov. 2008

CASSIN, Márcia Pereira da Silva. Dependência e ultraneoliberalismo: as políticas sociais no Brasil pós-golpe de 2016. *Temporalis,* Brasília, ano 22, n. 43, p. 17-33, jan./jun. 2022. Disponível em: https://periodicos.ufes.br/temporalis/issue/view/1445. Acesso em: 28 ago. 2022.

EXECUTIVA NACIONAL DE ESTUDANTES DE SERVIÇO SOCIAL. *Eventos Nacionais da ENESSO.* Disponível em: https://enessooficial.wordpress.com/eventos-nacionais-da-enesso/. Acesso em: 5 nov. 2022.

EXECUTIVA NACIONAL DE ESTUDANTES DE SERVIÇO SOCIAL. *Estatuto da Executiva Nacional de Estudantes de Serviço Social.* Disponível em: https://enessooficial.files.wordpress.com/2020/10/estatuto-revisado-2019-3.pdf. Acesso em: 5 nov. 2022.

EXECUTIVA NACIONAL DE ESTUDANTES DE SERVIÇO SOCIAL. *Carta de Apresentação* – Comissão Gestora Nacional 2022-2023 da ENESSO Nacional. Disponível em: https://enessooficial.wordpress.com/enesso/coordenacoes-nacionais-da-enesso/. Acesso em: 29 nov. 2022.

[147] GUIMARÃES, Maria Clariça Ribeiro. *Movimento estudantil de serviço social e dilemas atuais*: o desafio é (re) encantar-se. Universidade e Sociedade #54. ANDES-SN, ago. 2014.

GUIMARÃES, Maria Clariça Ribeiro. Movimento estudantil de serviço social e dilemas atuais: o desafio é (re)encantar-se. *Universidade e Sociedade #54.* ANDES-SN, ago. 2014.

GAIO, Raquel Mota Dias. *A modalidade do Ensino à Distância no Brasil e a Formação Profissional em Serviço Social.* 2018. Dissertação (Mestrado em Serviço Social) – Universidade Federal Juiz de Fora. 2018. Disponível em: https://repositorio.ufjf.br/jspui/handle/ufjf/6728. Acesso em: 2 ago. 2022.

IAMAMOTO, Marilda Vilela. A formação profissional no Serviço Social brasileiro. *Serv. Soc. Soc.,* São Paulo, n. 120, p. 609-639, out./dez. 2014. Disponível em: https://www.scielo.br/j/sssoc/grid. Acesso em: 10 maio 2019.

IAMAMOTO, Marilda Vilela. Renovação do Serviço Social no Brasil e desafios contemporâneos. *Serv. Soc. Soc.,* São Paulo, n. 136, p. 439-461, set./dez. 2019. Disponível em: https://www.scielo.br/j/sssoc/a/RJ3mPJjQ8Qk8WJRbLRph8Kz/?lang=pt. Acesso em: 2 ago. 2022.

LIMA, Isabelle Cristina Custodio de. 40 ANOS DO MOVIMENTO ESTUDANTIL DE SERVIÇO SOCIAL: desafios e perspectivas na atualidade. *Temporalis,* [*S.l.*], v. 19, n. 38, p. 37-51, 19 dez. 2019. Disponível em: https://periodicos.ufes.br/temporalis/article/view/24093. Acesso em: 2 ago. 2022.

MELIM, J. I. Educação a distância e a distância da educação: apontamentos para o debate sobre exercício e formação profissional em serviço social. *Serviço Social e Saúde,* Campinas, v. 15, n. 2, p. 155-178, 2017. Disponível em: https://periodicos.sbu.unicamp.br/ojs/index.php/sss/article/view/8648115. Acesso em: 22 nov. 2022.

MOREIRA, Tales Willyan Fornazier; CAPUTI, Lesliane. *O protagonismo do movimento estudantil de serviço social brasileiro:* contribuições para a (re)construção da profissão. Universidade e Sociedade #59. ANDES-SN, jan. 2017.

MOTA, Ana Elizabete; RODRIGUES, Mavi. Legado do Congresso da Virada em tempos de conservadorismo reacionário. *Revista Katálysis,* Florianópolis, v. 23, n. 2, p. 199-212, maio/ago. 2020. Disponível em: https://www.scielo.br/j/rk/a/c3GHp8JjbZ9hqfc3q3YY8GP/?lang=pt. Acesso em: 15 nov. 2022.

RAMOS, Sâmya Rodrigues; SANTOS, Silvana Mara Morais. Movimento Estudantil de Serviço Social: Parceiro na construção coletiva da formação profissional do(a) Assistente Social brasileiro. *Caderno Abess.* Formação Profissional: Trajetórias e Desafios, n. 7. Cortez: São Paulo, 1997.

RODRIGUES, Márcia Torres. *Fala da Sessune. Serviço Social:* as respostas da categoria aos desafios conjunturais: VI Congresso Brasileiro de Assistentes Sociais. Congresso Chico Mendes. 2. ed. São Paulo: Cortez, 1995.

SILVA, Andréa Alice Rodrigues. *Movimento Estudantil de Serviço Social e partido político na contemporaneidade*: contradições no período do governo Lula (2007/2010). 2011. 139 f. Dissertação (Mestrado em Serviço Social) – Departamento de Serviço Social, Universidade Federal de Pernambuco, Recife, 2011. Disponível em: https://enessooficial.files.wordpress.com/2012/04/2011-dissertac3a7c3a3o-andreaalice-rodriguessilva.pdf. Acesso em: 22 nov. 2022.

SOUZA, Cristiane Luiza Sabino. Racismo e luta de classes: contribuição para a análise da realidade latino-americana. *In: Anais [...]* Encontro Internacional e Nacional de Política Social. v. 1, n. 1: Questão social, violência e segurança pública: desafios e perspectivas, 2020. Disponível em: https://periodicos.ufes.br/einps/article/view/33327. Acesso em: 8 dez. 2022.

TAVARES, Ana Luiza Bruinje; CORREA, André Henrique Mello Correa; MENEZES, Lucas Januário de. *Sistematização Histórica dos Encontros Paranaenses de Estudantes de Serviço Social no Estado do Paraná – Região VI*. Curitiba, 2022. Disponível em: l1nq.com/5HahH. Acesso em: 15 nov. 2022.

VIDAL, Karina Caputti. *O Ensino a Distância:* um reflexo da expansão mercantilizada da Educação Superior e os impactos no Serviço Social. 2016. 194 f. Dissertação (Mestrado em Serviço Social) – Pontifícia Universidade Católica de São Paulo, São Paulo. Disponível em: https://tede2.pucsp.br/handle/handle/19455. Acesso em: 15 nov. 2022.

CAPÍTULO 6

PRÁXIS DA INTERSECCIONALIDADE: MULHERES BRASILEIRAS QUE NOS INSPIRAM NA LUTA ANTIRRACISTA, ANTIPATRIARCAL E ANTICAPITALISTA

Andréa Pires Rocha

Brasil, meu nego
deixa eu te contar
A história que a história não conta
O avesso do mesmo lugar
Na luta é que a gente se encontra.
(Mangueira)

1 A história que a história não conta: o avesso do mesmo lugar

Nas primeiras semanas do ano de 2023, quando finalizo este capítulo de livro, transitamos da euforia que nos fez gravitar de esperança na posse do presidente Lula, com a cena icônica dele recebendo a faixa do povo brasileiro, para a angústia que nos trouxe de volta ao chão enquanto assistíamos, em tempo real, ao maior ataque que a república brasileira já vivenciou. Ao entendermos a história como uma categoria essencial para a compreensão do tempo presente, é importante resgatarmos a obra *O 18 de Brumário de Luís Bonaparte*, quando Marx[148] relata o contexto de recrudescimento conservador que a burguesia francesa impetrou ao manipular os elos mais frágeis da classe trabalhadora, especialmente o chamado *lumpemproletariado*, a lutar a seu favor. Contudo, não falo da França, tampouco do Norte global. No palco da nossa tragédia mesclada com farsa, Luís Bonaparte é figurado por Jair Messias Bolsonaro e a burguesia brasileira, assim como naquele contexto, evoca:

[148] MARX, Karl. *O 18 de brumário de Luís Bonaparte*. São Paulo: Boitempo, 2011.

> [...] a ajuda dos espíritos do passado, tomam emprestados os seus nomes, as suas palavras de ordem, o seu figurino, a fim de representar, com essa venerável roupagem tradicional e essa linguagem tomada de empréstimo, as novas cenas da história [...][149].

Temos visto a história se repetir, assentada na reivindicação explícita dos elementos mais nefastos que fundaram o país. A tentativa de golpe assolou os espaços físicos das instituições que representam o Estado democrático de direito. Era exigida intervenção militar, pauta que carrega consigo inúmeras outras, as quais se mostram no retrocesso a tudo que se refere à garantia dos direitos humanos e à construção de políticas sociais garantidoras de direitos para a classe trabalhadora. A premissa que está por trás do ataque à democracia é destruir tudo aquilo que os segmentos e movimentos sociais alcançaram a partir da luta coletiva. Portanto, falar em auguras do fascismo não é exagero. Isso traz para nós, sociedade brasileira como um todo, assistentes sociais, estudantes e docentes de Serviço Social, em específico, imensos desafios. É urgente que encontremos meios de existir e persistir coletivamente. Buscar *o avesso do mesmo lugar* é questão de sobrevivência. Precisamos nos inspirar em exemplos de luta e resistência impetrados pelos povos originários, negros, mulheres, pessoas LGBTQIA+, pessoas com deficiência e classe trabalhadora no geral.

Precisamos nos contrapor à versão da nossa história contada a partir da visão ocidental. Mudar a ótica, isto é, o ponto de partida e as lentes, pois, assim como relata Davi Kopenawa em livro organizado por ele em parceria com Bruce Albert, "antigamente, os brancos não existiam. Foi o que me ensinaram os nossos antigos quando eu era criança"[150]. Krenak sintetiza que a base da formação brasileira é assentada no conflito, já que "nem os brancos vieram para cá para fazer qualquer ato edificante, nem os negros vieram voluntariamente para ser escravos, e nem os índios estavam aqui achando engraçadinho essa invasão"[151]. Contradições que ganham novas configurações em cada contexto histórico.

Em relação a África, Beatriz Nascimento[152] afirma que a história eurocêntrica a desenhou como um "continente isolado e bizarro, cuja história foi despertada com a chegada dos europeus". Isso provocou uma

---

[149] MARX, 2011, p. 25-26.

[150] KOPENAWA, Davi; ALBERT, Bruce. *A queda do céu*: palavras de um xamã yanomami. São Paulo: Companhia das Letras, 2015. p. 221.

[151] KRENAK, Ailton. *A Potência do Sujeito Coletiva.* Entrevista concedida para SILVA, Jailson de Souza. Revista Periferias. [2023].

[152] NASCIMENTO, Beatriz. *Quilombola e intelectual*: possibilidades nos dias de destruição. São Paulo: Filhos da África, 2018, p. 274.

"ruptura da identidade dos negros e seus descendentes, tanto em relação ao seu passado africano quanto à sua trajetória na própria história dos países que foram alocados após o tráfico negreiro"[153]. Em uma entrevista, foi perguntado se os motivos que a fizeram pesquisar sobre a história do negro no Brasil foram científicos ou pessoais. Por conseguinte, Beatriz do Nascimento responde de forma brilhante:

> Difícil separar as duas coisas. Ainda no tempo de estudante eu sentia uma grande necessidade de conhecer e de entender o papel do negro na história brasileira. Neste campo existe um vazio muito grande de termos de conhecimento. Além disso, sentia que não bastava apenas um maior número de informações sobre o assunto: é necessário que a história seja reescrita de uma perspectiva crítica, reformista, que se reavalie tudo que se tem sobre a história e sociologia do negro. Ao nível existencial, sendo negra, acho necessário que tudo isso seja analisado da perspectiva do negro, enquanto sujeito da história[154].

Percebo que revisar e reformar nem sempre é ruim, especialmente quando se trata de destacar a importância das relações étnico-raciais na formação sócio-histórica do Brasil. Todavia, na tradição intelectual brasileira, seja com base em fundamentos conservadores, ou até mesmo em uma ala do pensamento crítico, importa o viés da história eurocentrada, que se volta ao apagamento da resistência negra e dos povos indígenas. Mas *deixa eu te contar* que em minha trajetória profissional e acadêmica também demorei para amadurecer minhas percepções sobre o racismo como um elemento estrutural que está ligado ao patriarcado e ao modo de produção capitalista. E, ao observar lacunas explicativas sobre a realidade brasileira, veio-me a seguinte questão: como falar de desigualdade social sem entender que o racismo é uma categoria universal? Questionamento esse que me levou a defender a efetivação das leis n.º 10.639/03 e n.º 11.645/08, que versam sobre o ensino de História e Cultura da África, Afro-Brasileira e Indígena na educação brasileira, entendendo-os como conteúdos essenciais para a formação em Serviço Social. No desenvolvimento da extensão universitária, na esfera da educação em direitos humanos, entender o racismo também se tornou crucial. Outro elemento relevante se refere à revolucionária presença de estudantes indígenas e negras(os) no curso que atuo como docente, os quais me estimularam a estudar sobre cotas étnico-raciais e políticas afir-

[153] NASCIMENTO, 2018.

[154] NASCIMENTO, 2018, p. 98.

mativas. Portanto, estudar o racismo estrutural como o determinante das relações sociais brasileiras foi uma consequência desses processos.

A jornada de estudos iniciou com livro de Silvio Almeida *O que é racismo estrutural*, o qual abriu-me um universo interpretativo. Já para a discussão que envolve a questão de gênero, iniciei os meus estudos com a leitura do livro *Mulheres, raça e classe*, de Angela Davis, que me permitiu a compreensão das diferenças que estruturam as opressões sobre as mulheres negras em relação às mulheres brancas. As primeiras não precisaram lutar pelo direito de trabalhar: elas foram sequestradas, escravizadas e, após a abolição sem reparação, foram direcionadas ao trabalho doméstico. Inevitável a leitura de outras feministas negras estadunidenses, como Patrícia Hill Collins, bell hooks, Audre Lorde, Kimberlé Crenshaw, caminho que exige a aproximação do feminismo negro brasileiro, visto que, embora haja a universalidade do racismo e do patriarcado, o que implica em determinantes sobre todas as mulheres negras – e não brancas – do mundo, as particularidades brasileiras e latino-americanas precisam ser consideradas. Nesse lugar de aprendiz, acessei os escritos de Sueli Carneiro, Djamila Ribeiro e Carla Akotirene, aproximações iniciais que me levaram a ler as principais expoentes do feminismo negro brasileiro: Lélia Gonzalez e Beatriz Nascimento. Que encontro!

Com Lélia, aprendi que as pautas feministas assentadas na crítica ao capitalismo patriarcal, no deslocamento da questão da vida privada para o debate público e na questão da sexualidade, trouxeram avanços irreversíveis. No entanto, ela problematiza que "na leitura dos textos e da prática feminista, são referências formais que denotam uma espécie de esquecimento da questão racial". Apagamento que decorre daquilo que "alguns cientistas sociais caracterizam como racismo por omissão e cujas raízes, dizemos nós, se encontram em uma visão de mundo eurocêntrica e neo-colonialista da realidade"[155]. Beatriz Nascimento, por sua vez, enfatiza que:

> O branco brasileiro de um modo geral, e o intelectual em particular, recusam-se a abordar as discussões sobre o negro do ponto de vista da raça. Abominam a realidade racial por comodismo, medo, ou mesmo racismo. Assim perpetuam teorias sem nenhuma ligação com nossa realidade racial. Mais grave ainda, criam novas teorias mistificadoras, distanciadas desta mesma realidade[156].

[155] GONZALES, Lélia. *Primavera para as rosas negras*: Lélia Gonzales em primeira pessoa. São Paulo: Filhos da África, 2018. p. 309.

[156] NASCIMENTO, 2018, p. 44.

Ambas as estudiosas tecem reflexões contundentes sobre os prejuízos do mito da democracia racial e, em conjunto com outros intelectuais negros, tais como Clóvis Moura, Guerreiro Ramos e Abdias do Nascimento, entre outros, trazem as lentes da questão racial para irem à fundo nas reflexões sobre a formação sócio-histórica brasileira e as particularidades da luta de classes brasileira, país da América do Sul, racista, colonizado por Portugal e de capitalismo dependente e periférico, pois

> Desde 1500
> Tem mais invasão do que descobrimento
> Tem sangue retinto pisado
> Atrás do herói emoldurado
> Mulheres, tamoios, mulatos
> Eu quero um país que não está no retrato
> (MANGUEIRA)

É por isso que trago neste texto a práxis da interseccionalidade a partir do protagonismo de mulheres que estiveram em luta ao longo da história do país. Menciono 17 mulheres que se aquilombaram, cada uma em sua época, mas foram invisibilizadas. Dessa forma, tentarei tecer um diálogo entre a história de luta e algumas lições deixadas por elas, demonstrando o quanto a práxis da interseccionalidade é muito anterior a qualquer elaboração desse conceito.

O desafio é mostrar que, epistemologicamente, a interseccionalidade pode ser entendida como uma teoria social crítica em construção[157] e que, na práxis cotidiana, atravessa historicamente a luta popular. Concordo com Angela Davis[158], quando afirma que as ações devem decorrer de "esforços de reflexão, análise e organização que reconhecem as interconexões entre raça, classe gênero, sexualidade", pautando-se na tripla ameaça: racismo, sexismo e imperialismo. Segundo ela, por trás do conceito de interseccionalidade, há uma importante história de luta e diálogos que envolvem ativistas e intelectuais das academias. Para Davis[159], o mais importante do debate é o diálogo entre as frentes, que deve culminar em uma "interseccionalidade de lutas".

---

157 COLLINS, Patrícia Hill. *Bem mais que ideias*: a interseccionalidade como teoria social crítica. São Paulo: Boitempo, 2022.

158 DAVIS, Angela. *A liberdade é uma luta constante*. São Paulo: Boitempo, 2018. p. 33.

159 DAVIS, 2018, p. 34.

É válido destacar que, há algum tempo, tenho divulgado a potência dessas mulheres por meio de palavras faladas em palestras e oficinas[160]. Agora, a oportunidade de dialogar em palavras escritas é muito importante, sobretudo em se tratando de uma coletânea organizada pelo Conselho Regional de Serviço Social do Paraná. Por tudo isso, busco fios de conexões ancestrais que, certamente, ajudam-nos a saber quem somos e, mais que isso, implicam no envolvimento em processos de resistência centrados na práxis da interseccionalidade que se materializa na luta antirracista, antipatriarcal e anticapitalista.

Assim, pretendo trazer centelhas de esperança que podem ser encontradas em *histórias que a história não conta*, parafraseando o samba da Mangueira. Aproveito, portanto, a oportunidade para fazer uma *femenagem*[161] a todas as mulheres que são citadas no texto e dizer: obrigada por terem adubado o terreno, semeado e colhido tantos frutos em meio às adversidades inimagináveis. Vocês são inspiração! Queremos aprender com vocês!

2 Serviço Social: "chegou a vez de ouvir as Marias, Mahins, Marielles, malês"

> Brasil, o teu nome é Dandara
> Tua cara é de cariri
> Não veio do céu
> Nem das mãos de Isabel
> A liberdade é um dragão no mar de Aracati
> Salve os caboclos de julho
> Quem foi de aço nos anos de chumbo
> Brasil, chegou a vez
> De ouvir as Marias, Mahins, Marielles, malês
> (Mangueira)

Deveria iniciar este mosaico de potentes mulheres apresentando as protagonistas indígenas que guerrearam e não se submeteram à invasão portuguesa. Contudo, não consigo nomeá-las em específico. Por isso,

---

[160] O levantamento se deu no contexto do Projeto de Pesquisa "Sistemas de Proteção aos Direitos Humanos voltados à Infância e Juventude em Angola, Brasil, Moçambique e Portugal", que nos conduziu a buscar protagonistas da história brasileira pouco visibilizadas(os). Após levantar quem são, passei a divulgá-las em atividades de extensão universitária vinculadas ao Projeto de Extensão e Ensino "Aquilombando a Universidade: fluxos de educação e resistências entre Angola, Brasil e Moçambique".

[161] Trata-se de uma daquelas "palavras novas", cheias de sentidos e significados que empoderam e situam as histórias de mulheres que construíram lutas e geraram processos transformadores.

optei por mencionar a mulher Yanomami que foi fotografada em estado deplorável decorrente de forte desnutrição. Ela tinha os ossos do corpo aparentes, não conseguia permanecer em pé por forças próprias e faleceu no dia 22 de janeiro 2023 da morte mais prevenível que existe: de fome. O que foi divulgado na mídia é que ela tinha 65 anos e era da comunidade Kataroa, território em que há forte presença de garimpeiros ilegais e casos de dezenas de crianças mortas[162]. Diante disso, quero dizer: senhora Yanomani, eu me envergonho de fazer parte de uma sociedade que permitiu que você morresse de fome. Por isso, presto a minha *femenagem* e, a partir da senhora, eu me direciono a todas as guerreiras indígenas que resistiram e ainda resistem ao genocídio imposto pela colonialidade.

Dito isso, a primeira protagonista que trago para entrelaçar a história do Brasil com a práxis da interseccionalidade é uma mulher trans escravizada que rompia com os determinantes de gênero em pleno século XVI: trata-se de **Xica Monicongo**. Segundo Jaqueline Gomes de Jesus[163], essa mulher foi sequestrada e chegou ao Brasil por volta de 1591. Luís Mott, que levantou a existência de Xica em pesquisa na Torre do Tombo, em Portugal, aponta que ela foi a primeira travesti do Brasil e se identificava com nome social na capital do país, na época, Salvador[164].

Mesmo na condição coisificada como propriedade de um sapateiro, Xica "andava sobranceira por toda Cidade Baixa, às vezes subindo para a Cidade Alta e voltando, a serviço do seu senhor, ou só passeando, inclusive para encontrar os seus homens"[165]. Justamente pelo fato de resistir às prisões impostas ao próprio corpo e à existência, ela foi violentamente perseguida pela inquisição das Ordenações Manuelinas. Foi acusada de sodomia, considerado crime de lesa-majestade que impetrava a pena capital, levando a pessoa a ser queimada viva em praça pública. Todavia, "o que se comenta é que Xica, para continuar viva, abriu mão de se vestir como lhe convinha e adotou o estilo de vestimenta tradicional para os homens da época"[166].

Essa história e outras que virão na sequência confirmam que, antes de a burguesia delinear o que viria ser chamado de "direitos humanos", os

---

[162] G1. Morre mulher Yanomami fotografada em estado grave de desnutrição. *G1*, 22 jan. 2023.

[163] JESUS, Jaqueline Gomes de. Xica Manicongo: a transgeneridade toma a palavra. *Revista Docência e Cibercultura*, Rio de Janeiro, v. 3, n.1, 2019.

[164] ENTREVISTA com o antropólogo Luiz Mott. Federação Interestadual de Sindicatos de Engenheiros, 13 jun. 2013.

[165] JESUS, Jaqueline Gomes de. Xica Manicongo: a transgeneridade toma a palavra. *Revista Docência e Cibercultura*, Rio de Janeiro, v. 3, n. 1, 2019.

[166] JESUS, 2019, p. 253.

povos originários e pessoas negras escravizadas empreendiam a luta por liberdade. Dessa forma, considero que as(os) primeiras(os) protagonistas em prol da real liberdade foram mulheres e homens que não aceitaram a escravidão. Protagonistas que organizavam insurreições, algumas vezes, chegaram a matar os "senhores". Em outras, organizaram-se em quilombos.

No Brasil, essas coletividades empreenderam uma sociabilidade distinta da imposta pelo colonialismo escravocrata, visto que, "se o quilombo foi um módulo de resistência radical ao escravismo. A quilombagem — o *continuum* dos quilombos através da história social da escravidão — foi um processo de desgaste permanente do sistema"[167]. Por isso, a *quilombagem* deve ser entendida como uma categoria essencial para a compreensão da luta de classes no Brasil. Na esfera da subjetividade, ela nos move, impulsionando inspirações de resistência. Precisamos aquilombar as nossas vidas, relações, universidades e até mesmo o Serviço Social.

O grande exemplo dessas potentes organizações foi o Quilombo de Palmares, organizado, aproximadamente, no ano 1590 no seio de florestas localizadas entre Alagoas e Pernambuco. Ele chegou a abranger 30 mil moradores, que "estabeleceram o primeiro governo de africanos livres nas terras do Novo Mundo, indubitavelmente um verdadeiro Estado africano – pela forma de sua organização socioeconômicas e política"[168]. Por conta dessas características de organização coletiva, ficou conhecido como a República de Palmares, que resistiu a 27 guerras no período de 1595 a 1695.

É importante destacar que uma das grandes protagonistas foi **Aqualtune**, princesa do Reino do Congo que liderou, em 1665, uma frente da guerra contra os exploradores portugueses conhecida como Batalha de Mbwuila (Ambuíla). Infelizmente, ao perderem a batalha, Aqualtune foi escravizada, sequestrada e trazida para a região Nordeste do Brasil[169]. Ao chegar no país, a dor era tanta que ela aventou voltar nadando para sua terra. No entanto, o desejo por liberdade permaneceu e Aqualtune organizou uma revolta que culminou na fuga de 200 escravizados para o Quilombo do Palmares. Dois de seus filhos se tornaram liderança no quilombo: Ganga Zumba e Gana. Além

[167] MOURA, Clóvis. A quilombagem como expressão de protesto radical. *In:* MOURA, Clóvis (org.). *Os quilombos na dinâmica social do Brasil.* Maceió: EDUFAL, 2001, p. 6.

[168] NASCIMENTO, Abdias. *O quilombismo*: documentos de uma militância pan-africanista. São Paulo: Perspectiva; Rio de Janeiro: IPEAFRO, 2019. p. 69.

[169] NEAB-UFRGS. *Aqualtune.* Biografia de Mulheres Africanas. [2023]; PLENARINHO. *Aqualtune, a princesa guerreira.* Plenarinho, o jeito criança de ser cidadão. 2021a.

disso, a filha, Sabina, deu à luz a Zumbi[170]. Também é em Palmares que entra a história de **Dandara**. Relatos apontam que chegou ao quilombo ainda menina. Ela participava das atividades produtivas e de defesa. Tornou-se companheira do último líder, Zumbi dos Palmares. Em 1694, ao serem intensificadas as perseguições e a violência contra o território, Dandara foi presa e, quando constatou que a liberdade estava em risco, jogou-se de uma pedreira[171].

Contemporânea da luta palmarina, destaco uma mulher indígena da etnia potiguar, **Clara Camarão**[172], nome imposto pelos jesuítas. Trata-se de uma mulher que participou da luta contra as invasões holandesas no Nordeste brasileiro, lutando em parceria com o companheiro, Felipe Camarão. A "primeira missão oficial, liderando suas companheiras, foi a escolta de famílias que buscaram refúgio na cidade alagoana de Porto Calvo, na década de 1630"[173]. Há, ainda, informações de que, em 1646, os holandeses ousaram invadir o povoado de Tejucupapo. No entanto:

> [...] não esperavam encontrar uma forte resistência feminina. Com arcos, tacapes (pequenas espadas de madeira), lanças, muita força e excelente pontaria, [...] As mulheres ferveram tonéis de água com pimenta! Levado pelo vento, o vapor desnorteou o exército holandês. [...] Esse feito fez com que elas fossem convocadas para um dos maiores confrontos contra os holandeses, a primeira Batalha dos Guararapes (1648)[174].

O envolvimento de mulheres nos campos de batalha compunha a tradição de povos indígenas e africanos, havendo, inclusive, a utilização dessas experiências no poder militar brasileiro. É, também, na luta pela liberdade que se encontra **Tereza de Benguela**, que viveu no século XVIII. Não há certeza se ela nasceu em algum país do continente africano ou no Brasil. Contudo, a história dessa mulher foi marcada por ter sido uma forte líder do Quilombo do Quariterê, localizado no estado do Mato Grosso, no período de 1730 a 1795. Tereza de Benguela esteve à frente do quilombo junto ao companheiro, José Piolho. Quando ele foi assassinado pelo Estado, ela assumiu a liderança. Borges[175] enfatiza que o território era de difícil

---

[170] NOGUEIRA, André. De princesa africana a escravizada em solo brasileiro: Aqualtune, a avó de zumbi. *Aventuras na História*, 8 jun. 2020.

[171] SANTOS, Ale. O racismo da academia apagou a história de Dandara e Luisa Mahin. *The Intercept*, 4 jun. 2019.

[172] Em 2017 foi reconhecida com heroína, sendo inserida no *Livro dos Heróis da Pátria*.

[173] PLENARINHO. *Clara Camarão, a primeira heroína indígena do Brasil*. Plenarinho, o jeito criança de ser cidadão. 2021b.

[174] PLENARINHO, 2021b.

[175] BORGES, Pedro. Tereza de Benguela, a liderança negra brasileira. *Alma Preta*, 20 jul. 2017.

acesso e, por isso, "foi o ambiente perfeito para Tereza coordenar um forte aparato de defesa e articular um parlamento para decidir em grupo as ações da comunidade". Há diferentes explicações sobre a morte dessa líder, que ocorreu por volta de 1770. Uma versão aponta que ela se suicidou, enquanto outra diz que ela foi assassinada e sua cabeça foi exposta no Quilombo. Desde 2014, o Dia da Mulher Afro-Latino-Americana e Caribenha[176] também reconhece a importância dessa guerreira ao Brasil e para América Latina.

É essencial que tenhamos essas mulheres como revolucionárias, pois as condições do Brasil colonial eram extremamente racistas e patriarcais. Portanto, Xica Monicongo, Alquetune, Dandara, Clara Camarão e Tereza de Benguela rompiam as barreiras do próprio tempo, já que foram mulheres que desafiaram opressões que não conseguimos nem mensurar. Quero fazer uma breve menção a alguns acontecimentos externos, porque algumas dessas mulheres lutavam bravamente pela liberdade no Brasil na mesma conjuntura histórica que, no continente europeu, explodiam as revoluções burguesas. Trata-se do contexto que consolidou o capitalismo como modo de produção, assentado ideologicamente nos princípios do liberalismo. Isso delineou uma concepção de direitos humanos centrada na propriedade privada, na liberdade, na igualdade e na segurança[177].

No entanto, a história mostra que esses princípios não atingiam a todos, o que permitiu a permanência do colonialismo e do escravismo. Exemplo disso é a Declaração dos Direitos do Homem e do Cidadão, um documento francês de 1789 que se omitia diante dessas atrocidades. Além disso, trata-se de uma contradição denunciada no contexto da Revolução Haitiana, que durou de 1791 a 1804, e tinha como pautas a independência e o fim da escravidão[178], tornando-se a primeira revolução negra da história da humanidade. Clóvis Moura[179] relata que, apesar dos esforços coloniais para a invisibilização, a revolução haitiana repercutiu entre os negros escravizados no Brasil, potencializando ainda mais a *quilombagem* por meio de ações que se davam também no contexto urbano.

Cabe o destaque à **Luiza Mahin**, nascida no início do século XIX na Costa da Mina, país do continente africano que era pertencente à tribo de

---

[176] Em 1992, na cidade de Santo Domingo, na República Dominicana, instituiu-se que 25 de julho seria o dia da Mulher Afro-Latino-Americana e Caribenha.

[177] MARX, 2011.

[178] JAMES, Cyril Lionel R. *Os jacobinos negros*: Toussant L'Ouverture e a revolução de São Domingos. São Paulo: Boitempo, 2010.

[179] MOURA, Clóvis. *Sociologia do negro brasileiro*. 2. ed. São Paulo: Perspectiva, 2019.

Mahi, da nação africana Nagô. Sequestrada e escravizada, desembarcou no Brasil e recusou o batismo na doutrina cristã, mantendo-se fiel às próprias convicções e à cultura africana. Essa potente mulher "esteve envolvida na articulação de todas as revoltas e levantes de escravos que sacudiram a então Província da Bahia nas primeiras décadas do século XIX"[180]. Relatos contam que Luiza Mahin era quituteira e seu tabuleiro foi utilizado para distribuição de mensagens em árabe para a organização da Revolta dos Malês (1835) e da Sabinada (1837-1838). Informações indicam que ela foi perseguida, fugiu para o Rio de Janeiro, onde foi detida e, talvez, deportada para Angola. Todavia, não há documentos comprovatórios sobre isso. Luísa de Mahin era mãe de Luís Gama (1830-1882), poeta, advogado e um dos maiores abolicionistas do Brasil[181].

Outra mulher que merece destaque é **Maria Firmina dos Reis** (1822-1917), nascida em São Luís do Maranhão. Era filha de Leonor Felipa, que já era negra alforriada, e há suspeitas de que o pai era um homem de posses que não assumiu a filha com uma escravizada, assim como era recorrente no contexto. Maria Firmina viveu com uma tia materna que tinha melhores condições econômicas, o que lhe permitiu estudar. Em 1847, tornou-se professora de instrução primária, exercendo a profissão até 1881. Ganhou destaque como escritora, sendo considerada a primeira romancista brasileira. Em 1859, publicou "Úrsula" e, em 1887, o conto "A escrava": as duas obras problematizam a escravidão e empreendem discussões abolicionistas. Além da militância política, Maria Firmina empreendeu ações concretas na própria comunidade, fundando uma escola gratuita para meninas e meninos[182]. Trata-se de uma ação muito inovadora e que vai ao encontro das lutas das feministas brasileiras do final do século XIX que desejavam a igualdade de ensino para meninas. Esse direito permanece em pauta na luta por um Brasil sem racismo e sem machismo.

Em 1888, acontece a abolição da escravatura e, em 1889, a Proclamação da República no Brasil, fatos que decorreram da efervescência política, econômica, cultural e social relatada a partir das vivências das mulheres apresentadas até agora. Todavia, essas mudanças colocaram os desafios em novos patamares, pois as relações da sociedade livre se mantiveram sobre a determinação do racismo estrutural. O fim da escravidão aconteceu sem nenhuma reparação e foram construídas novas estratégias de controle para

[180] LUÍSA Mahin. *Portal Geledés*, 14 mar. 2013.

[181] Em 2019, Dandara e Luísa Mahin foram reconhecidas como heroínas brasileiras

[182] Conheça a vida e carreira da primeira romancista brasileira. *EBC*, 18 jun. 2019.

manter a população negra brasileira nos lugares mais precários das relações do trabalho livre no bojo do modelo de capitalismo que se estabelecia no país. Em paralelo a isso, houve uma tentativa de se expurgar os negros da nação, forçando-se o embranquecimento físico e cultural a partir de discursos que giravam entorno do mito da democracia racial.

Na esteira dessas reflexões, quero destacar **Virgínia Leone Bicudo** (1910-2003), que nasceu na cidade de São Paulo e era filha da imigrante italiana, Joana Leone, e de Teófilo Bicudo, um descendente de escravizados. O pai era funcionário público dos Correios, o que trouxe um pouco de estabilidade financeira para a família e a possibilidade de Virgínia estudar. Primeiro, cursou a Escola Normal Caetano de Campos e, depois, dedicou-se a um curso de Educação Sanitária no Instituto de Higiene de São Paulo, em 1932. Ao se formar, tornou-se funcionária da Diretoria do Serviço de Saúde Escolar do Departamento de Educação, ministrando aulas de higiene, o que acendeu o interesse pela Sociologia, iniciando o curso em 1936 na Escola Livre de Sociologia e Política. Em 1945, Virgínia Bicudo rompe barreiras ao ser uma das primeiras mulheres a cursar o mestrado na Escola Livre de Sociologia e Política, o que resultou na dissertação intitulada *Estudo de atitudes raciais de pretos e mulatos em São Paulo*. Trata-se do primeiro trabalho de pós-graduação em Ciências Sociais no Brasil a explorar as relações raciais[183]. Ao analisar as atitudes entre os negros e destes com os brancos chega à hipótese de que:

> [...] as atitudes do preto de classe social "inferior" para preto e para o branco estariam baseadas em sentimento de inferioridade, o qual determinaria sentimento de antagonismo contra o preto e de simpatia para o branco. A atitude de antagonismo do negro resultaria em falta de solidariedade entre pretos, enquanto a atitude de simpatia para o branco não somente torna o preto mais tolerante[184].

São observações que levaram a defender a construção de coletividades e as associações entre a população negra como formas de resistência capazes de romper o sentimento de inferioridade. Além disso, foi a primeira psicanalista sem formação médica no Brasil. Destaco que Virginia Bicudo participou

---

[183] GOMES, Janaína Damaceno. *Os segredos de Virgínia*: estudos de atitudes raciais em São Paulo (1945-1955). 2013. Tese (Doutorado em Antropologia Social) – Faculdade de Filosofia, Letras e Ciências Humanas da Universidade de São Paulo, São Paulo, 2013; MAIO, Marcos Chor. Educação sanitária, estudos de atitudes raciais e psicanálise na trajetória de Virgínia Leone Bicudo. *Cadernos Pagu*, v. 35, p. 309-355, 2010.

[184] BICUDO, Virgínia Leone. *Atitudes raciais de pretos e mulatos em São Paulo*. São Paulo: Sociologia e Política, 2010. p. 72.

do Projeto UNESCO-Brasil, coordenado por Roger Bastide e Florestan Fernandes. Nele, analisou as relações raciais no país e escreveu o relatório "Atitudes dos alunos dos grupos escolares em relação com a cor dos seus colegas", publicado em 1953 na *Revista Anhembi*. Contudo, a sua participação é pouco comentada. Essa intensa mulher foi uma das primeiras professoras universitárias negras no Brasil, visto que lecionou na Universidade de São Paulo, na Santa Casa e na Escola de Sociologia e Política[185].

As teses de Virgínia Bicudo comprovam que a condição de pobreza e exclusão imposta pelo racismo estrutural traz consequências que afetam as condições de vida e a saúde mental. Por isso, menciono a escritora **Carolina Maria de Jesus** (1914-1977), que nasceu em Minas Gerais, mas viveu grande parte da vida na favela do Carindé, em São Paulo. Carolina de Jesus trabalhava como coletora de materiais recicláveis e, mesmo com pouquíssimo acesso à educação formal, tinha o hábito de escrever em um diário as durezas da vida do favelado. Por intermédio do jornalista Audálio Dantas, o diário foi publicado em 1958 como livro, intitulado *Quarto de despejo: diário de uma favelada*:

> Duro é o pão que nós comemos. Dura é a cama que dormimos. Dura é a vida do favelado. [...] Eu sei que existe brasileiros aqui dentro de São Paulo que sofre mais do que eu. Em junho de 1957 eu fiquei doente e percorri as sedes do Serviço Social. Devido eu carregar muito ferro fiquei com dor nos rins. Para não ver os meus filhos passar fome fui pedir auxílio ao propalado Serviço Social. Foi lá que eu vi as lagrimas deslizar dos olhos dos pobres. Como é pungente ver os dramas que ali se desenrola. A ironia com que são tratados os pobres. A única coisa que eles querem saber são os nomes e os endereços dos pobres[186].

O trecho foi destacado por fazer menção ao Serviço Social, apresentando uma crítica à ironia pela qual as expressões da questão social eram tratadas e, principalmente, ao atendimento que se limitava ao registro das mazelas. O diário relata os momentos de desespero ocasionados pelo racismo, fome e miséria, os quais traziam abalos emocionais tão profundos que levavam à violência doméstica contra os filhos. Carolina de Jesus se tornou reconhecida internacionalmente. Entretanto, isso não fez de sua vida mais fácil, uma vez que o racismo ainda persistia e ela precisava conviver

[185] GOMES, 2013; MAIO, 2010.

[186] JESUS, Carolina Maria de. *Quarto de despejo*: diário de uma favelada. 10. ed. São Paulo: Ática, 2014. p. 35-36.

com a resistência daqueles que se recusavam a reconhecer uma mulher negra e favelada como escritora importante. É inegável que a atualidade e o brilhantismo dos textos de Carolina de Jesus são essenciais para entendermos as relações sociais em um país tão desigual e racista.

Na esteira do relato de Carolina de Jesus, que problematiza a pobreza e o Serviço Social, trago **Maria de Lourdes Vale Nascimento**, que foi uma assistente social e jornalista totalmente engajada na luta contra as dificuldades impostas à população negra, em especial, às mulheres e à infância[187]. A práxis de Maria se mostrava na potente militância no Movimento Negro dos anos de 1940 e 1950, ao participar da importante iniciativa do Teatro Experimental do Negro (tem). Em companhia a outros militantes negros, iniciaram transformações na pauta da população negra no Brasil. Ela também coordenava a coluna "Fala Mulher" do *Jornal Quilombo*, no qual convidava mulheres negras ao protagonismo e levantava inúmeras pautas, dentre elas, a luta contra a discriminação e a desvalorização sofrida pelas empregadas domésticas. No I Congresso do Negro Brasileiro, realizado em 1950, Maria de Lourdes Vale Nascimento fez esta potente fala:

> No dia 18 de maio deste ano foi fundado o Conselho Nacional da Mulher Negra, que é um desdobramento do Teatro Experimental do Negro. É um movimento que trabalha pela elevação da mulher negra e pela criança negra. Pretendemos fundar uma escola de arte dramática e um curso de alfabetização. A questão da educação é muito importante. Temos também um curso de arte e cultura. Fundaremos, ainda, um curso de orientação das mães [...] Pretendemos também fazer funcionar um departamento de serviço social. [...] Precisamos, também, fazer o registro de nascimento do nosso povo, uma pessoa sem registro é considerada morta. [...]. Temos ainda outro departamento, que é a Associação das Empregadas Domésticas, já inaugurado, a 10 de maio, contando com mais de vinte associadas. Pretendemos arregimentar as mulheres dessa classe para lutarem pelos seus direitos. O Conselho também terá a sua parte infantil, que

[187] XAVIER, Giovana. De Maria de Lurdes Vale Nascimento para as "mulheres negras do Brasil". *In:* OLIVEIRA, Iolanda de; PESSANHA, Marcia Maria de Jesus (org.). *Educação e relações raciais*. Niterói: CEAD/UFF, 2016. p. 119-129; SANTOS, Katia Regina da Costa. *Dona Ivone Lara:* voz e corpo da síncopa do samba. 2005. Tese (Doutorado em Romance Languages) – Universidade da Georgia, Estados Unidos, 2005; ROCHA, Andréa Pires; SILVA, Jorge Willian. *Protagonismo negro de Maria de Lourdes Nascimento e Sebastião Rodrigues Alves*: Serviço Social anos 1940-1950. XVII Encontro Nacional de Pesquisadores em Serviço Social – ENPESS. UERJ: Rio de Janeiro, 2022; ROCHA, Andréa Pires. Assistente Social Maria de Lourdes Nascimento: antirracismo e defesa da infância em 1940-1950. *Temporalis*, Brasília, ano 22, n. 44, p. 269-284, jul./dez. 2022.

> tem por objetivo a proteção à infância. Pretendemos criar um abrigo para criança negra desamparada. Queremos criar, também o ballet negro infantil, pois o Teatro Municipal não aceita crianças negras para seu corpo de baile [...][188].

Essa mulher transformava a constatação de problemas da realidade em intervenção cotidiana. No entanto, infelizmente, Maria Vale Nascimento é uma referência invisibilizada no Serviço Social, situação que precisa ser alterada com urgência[189].

Falando em militância cotidiana, destaco **Margarida Maria Alves** (1933-1983), nascida na Paraíba, que foi a primeira mulher a assumir a direção do Sindicato dos Trabalhadores Rurais de Alagoa Grande, na Paraíba. Em sua trajetória, fundou o Centro de Educação e Cultura do Trabalhador Rural e empreendeu pautas desse segmento, como o "registro em carteira de trabalho, a jornada diária de trabalho de oito horas, 13° salário, férias e demais direitos, para que as condições de trabalho no campo pudessem ser equiparadas ao modelo urbano"[190]. As ações de Margarida Maria Alves repercutiam e ganhavam evidência:

> Em seu discurso na comemoração do 1° de maio de 1983, na cidade de Sapé, na Paraíba, ela deixou isto bem claro: "Eles não querem que vocês venham à sede porque eles estão com medo, estão com medo da nossa organização, estão com medo da nossa união, porque eles sabem que podem cair oito ou dez pessoas, mas jamais cairão todos diante da luta por aquilo que é de direito devido ao trabalhador rural, que vive marginalizado debaixo dos pés deles"[191].

Trata-se de falas combativas e que entravam em conflito com os latifundiários, herdeiros do patrimonialismo e representantes do autoritarismo brasileiro. Margarida Alves foi assassinada no dia 12 de agosto de 1983. O principal acusado é o proprietário de uma usina de açúcar local envolvido com grupo composto por fazendeiros e prefeitos da região. Tentaram silenciá-la, mas a sua principal lição era: "é melhor morrer na luta do que morrer de fome"[192]. Tornou-se o símbolo da luta pelos direitos dos trabalhadores rurais. Recebeu, postumamente, o prêmio Pax Christi Internacional, em 1988. No ano

---

188 NASCIMENTO, 1950 *apud* NASCIMENTO, 1968, p. 259-260.

189 Para saber mais, consultar Rocha (2022).

190 HOMENAGENS. Fundação Margaria Maria Alves, 2023.

191 HOMENAGENS, 2023.

192 SINTUFRJ. "É melhor morrer na luta do que morrer de fome". *SINTUFRJ*, 15 ago. 2022.

de 1994, foi criada, pela Arquidiocese da Paraíba, a Fundação de Defesa dos Direitos Humanos Margarida Maria Alves. Em 2002, recebeu a Medalha Chico Mendes de Resistência, reconhecida pelo GTNM/RJ[193] e, desde 2000, no dia 12 de agosto, trabalhadoras rurais fazem a Marcha das Margaridas em Brasília.

Trarei mais algumas mulheres que enfrentaram as opressões impostas pelo racismo, patriarcado e capitalismo. Destaco **Lélia Gonzalez** (1935-1994), já citada neste texto. Nascida em Minas Gerais, viveu no Rio de Janeiro. O pai era ferroviário e a mãe era empregada doméstica, tinha 17 irmãos. Fez graduação em História e em Filosofia pela Universidade do Estado da Guanabara (UEG). Também realizou mestrado em Comunicação Social e doutorado em Antropologia Política. Atuou como educadora na rede pública de ensino e professora de Cultura Brasileira na Pontifícia Universidade Católica do Rio de Janeiro, onde chefiou o Departamento de Sociologia e Política. Foi uma das fundadoras do Instituto de Pesquisas das Culturas Negras (IPCN), do Coletivo de Mulheres Negras N›zinga e do Olodum[194]. Dedicou-se aos estudos de gênero e relações raciais:

> O lugar em que nos situamos determinará nossa interpretação sobre o duplo fenômeno do racismo e do sexismo. Para nós o racismo se constitui como a sintomática que caracteriza a neurose cultural brasileira. Nesse sentido, veremos que sua articulação com o sexismo produz efeitos violentos sobre a mulher negra em particular[195].

A problematização em relação ao sexismo também é incentivo a um entendimento de feminismo *afrolatinoamericano* e à construção da categoria *Améfricaladina* e da expressão *pretoguês*. Lélia defendia a flexibilidade da linguagem dos textos acadêmicos, permitindo que qualquer pessoa pudesse compreendê-los. É evidente que suas reflexões acadêmicas decorrem da vivência política, pois, em 1978, foi uma das fundadoras do Movimento Negro Unificado (MNU). A militância em defesa da mulher negra a levou ao Conselho Nacional dos Direitos da Mulher (CNDM) entre 1985 e 1989. Na década de 1980, chegou a se candidatar às disputas para o legislativo federal e estadual. Não foi eleita, mas ficou como suplente.

Agora, falarei um pouco de outra mulher que também já citei no texto: **Maria Beatriz Nascimento** (1943-1995), que nasceu em Sergipe, mas viveu

---

[193] HOMENAGENS, 2023.

[194] HOJE na História, 1935, nascia Lélia Gonzalez. *Portal Geledés*, 1 fev. 2012.

[195] GONZALES, Lélia. Racismo e sexismo na cultura brasileira. *Revista Ciências Sociais Hoje*, p. 223-244, 1984, p. 223.

no Rio de Janeiro. Ela tinha sete irmãos, pai pedreiro e mãe dona de casa. Cursou graduação em História na Universidade Federal do Rio de Janeiro (UFRJ) e atuou como educadora na rede estadual. O ativismo foi intenso e se deu a partir de núcleos de estudos vinculados ao movimento negro. Beatriz questionou a academia e a forma como as pesquisas sobre a temática negra eram desenvolvidas, demonstrando a importância de nos tornarmos protagonistas de nossa história e deixarmos de ser apenas meros objetos de pesquisa. Se mostrou preocupada com a fragmentação da história do negro brasileiro, diante das mitificações e da criação de estereótipos de um povo que foi escravizado[196]. Infelizmente, Beatriz Nascimento foi assassinada em janeiro de 1995, ano em que cursava mestrado na Escola de Comunicação da UFRJ. A morte decorreu da violência de gênero e sexista, quando foi defender uma amiga de um companheiro violento[197].

Também quero mencionar a vivência de **Thereza Santos** (1930-2012), que ingressou na Faculdade Nacional de Filosofia e se tornou integrante da União Nacional dos Estudantes (UNE). Foi "teatróloga, atriz, professora, filósofa, carnavalesca e militante pelas causas dos povos africanos da diáspora e dos afro-brasileiros"[198]. Também sentiu a pobreza e a discriminação racial em seu corpo, diante de ações, objetividades e subjetividades, o que a levou para o feminismo e para a luta antirracista. Tentou empreender o debate acerca da questão racial no interior do Partido Comunista. No entanto, nunca houve abertura para essa temática. Buscou caminhos mais efetivos para militância, envolvendo-se com o, já mencionado, Teatro Experimental do Negro (TEN) do Rio Janeiro e, depois, de São Paulo. Um destaque importante é que, na década de 1960, Thereza Santos participou do Movimento pela Libertação dos Povos Africanos de Expressão Portuguesa. Na década de 1970, chegou a ser presa e foi para o exílio no continente africano, atuando como educadora em Angola, Cabo Verde e Guiné-Bissau. Ao retornar ao Brasil, continuou a militância e, na década de 1980, compôs o Conselho Estadual da Condição Feminina de São Paulo. Anos depois, foi assessora de Cultura Afro-Brasileira da Secretaria de Estado da Cultura do estado de São Paulo entre 1986 e 2002.

Em se tratando de cultura, não posso deixar de mencionar a **Dona Ivone Lara** (1922-2018), que tem muita importância nessa jornada da interseccionalidade, ao romper barreiras no território do samba, o que,

[196] LIMA, Roberta. Beatriz Nascimento, atlântica. *Portal Geledés*, 4 nov. 2015.

[197] RATTS, Alex. A trajetória intelectual ativista de Beatriz Nascimento. *Portal Geledés*, 31 maio 2009.

[198] COLTNE. Tereza Santos. *Coltne*, 2023.

até então, era privilégio dos homens. Dona Ivone Lara também se destaca pela história profissional como enfermeira e assistente social. Ela nasceu no Rio de Janeiro, mas, aos seis anos de idade, foi levada para um colégio interno na Tijuca, fato que, segundo Santos[199], "foi preponderante para que ela adquirisse um tipo de educação formal não muito comum às crianças pobres e negras do Brasil de então". Em relatos para a pesquisadora, Dona Ivone Lara contou que, quando sua mãe ficou muito doente, a patroa prometeu que iria cuidar de sua educação, levando-a para um colégio interno municipal que tinha mais de 300 meninas. As professoras de música desse colégio eram Lucília Villa-Lobos e Zaíra Oliveira[200], as quais a indicaram para o Orfeão dos Apinacás da Rádio Tupi, cujo regente era Heitor Villa-Lobos. Ao sair da escola, foi morar com o tio, Dionísio Bento da Silva, que era músico e fazia parte do grupo de chorões que reunia Pixinguinha e Donga. Na década de 1940, mudou-se para Madureira e passou a frequentar a Escola de Samba Prazer da Serrinha, tornando-se a primeira mulher a integrar a ala de compositores de uma escola de samba[201].

Foi nesse período que cursou a Escola de Enfermagem Alfredo Pinto. Ao se formar, foi admitida no Serviço Nacional de Doenças Mentais, em que atuou com a Dr.ª Nilse da Silveira[202]. Depois, fez o curso de Visitadora Social, o que a levou para a pós-graduação na Escola Ana Nery, onde alcançou o título de assistente social. Por conseguinte, a direção da instituição fez a proposta de assumir como assistente social, profissão na qual se aposentou em 1977, passando a se dedicar exclusivamente à carreira artística. É importante destacar que, para Machado[203], Ivone Lara compõe a primeira geração de assistentes sociais que se mostravam na esfera do contraponto ao *ethos* católico na profissão, abrindo as portas do Serviço Social para um exercício profissional laico, elemento que decorre da:

> [...] resistência negra, como as outras pioneiras, vinha de rigorosa formação religiosa na escola, casou tardiamente para padrões da época (aos 26 anos) e assumiu a frente da família, com a manutenção econômica oriunda de seu trabalho.

---

199 SANTOS, 2005, p. 19.

200 Lucília era esposa do maestro Villa-Lobos. Zaíra foi a primeira esposa de Donga.

201 DONA Ivone Lara. *Dicionário Cravo Albin Da Música Popular Brasileira*, 2023.

202 É extremamente importante ressaltar a importância de Dr.ª Nilse da Silveira para a luta antimanicomial brasileira. Ela também é uma mulher que tem muito a nos ensinar.

203 MACHADO, Graziela Scheffer. Serviço Social, formação brasileira e questão social: na cadência do pioneirismo carioca. 2015. Tese (Doutorado em Serviço Social) – Centro de Ciências Sociais – Escola de Serviço Social, UFRJ, 2015.

> Acreditamos que seu diferencial atribui-se, principalmente, à classe social de sua origem, articulada à sua condição de mulher-negra e, ainda, à cultura negra de sua família (música, religião, dança etc.). Além disso, o trabalho profissional na Casa das Palmeiras, orientado pela Dr.ª. Nise da Silveira, abriu amplas possibilidades para inovar sua prática profissional, por meio de grupos, interdisciplinaridade e o uso de recursos artístico. Por lado, acreditamos que o trabalho de assistente social na saúde mental também influenciou nas suas composições, principalmente na valorização da mitologia negra, a loucura, o sonho, os afetos e a liberdade[204].

Ao transitar pelo samba do Rio de Janeiro, trago, neste mosaico de diálogos entre potências femininas brasileiras e a interseccionalidade, uma expoente das rodas de samba no Norte do Paraná: a **Dona Vilma Santos** (1950-2013), a **Yá Mukumby**, que, além de ser uma referência negra no Brasil, foi presença marcante na Universidade Estadual de Londrina (UEL). Dona Vilma nasceu no interior do estado de São Paulo, mas veio para Londrina, no Paraná, aos 11 anos de idade. A partir da vivência com a religião de matriz africana, fundou e esteve à frente do terreiro de Candomblé *Ilê Axé Ogum Megê* por 45 anos. Foi diretora da Escola de Samba Zumbi dos Palmares e ajudou a fundar a Associação Afro-Brasileira (AABRA) de Londrina[205]. Atuou no Movimento Negro Unificado e chegou a presidir o Conselho Municipal de Promoção da Igualdade Racial de Londrina. Foi Conselheira dos Direitos da Mulheres, do Núcleo Afro-Brasileiro da UEL e do Conselho de Integração da Universidade, ocupando a cadeira das religiões afro-brasileiras. Dona Vilma somou fortemente na luta pela implantação das cotas para os estudantes negros nessa universidade. Porém, em 2013, Dona Vilma foi brutalmente assassinada por um jovem que invadiu sua casa e que acabara de matar a própria mãe. Ele não parou por aí, mantando a mãe dela, Allial de Oliveira Santos, de 86 anos, e a neta, Olívia Santos de Oliveira, de 10 anos. Na produção do livro escrito em sua homenagem, os organizadores redigem nas primeiras linhas:

> Uma mulher negra! O pensar em Dona Vilma traz-nos, num primeiro momento, o sentimento de tristeza pela sua ausência, pela forma trágica como a perdemos. Porém, ao mesmo tempo que nos vem a emoção capaz de não só dificultar a escrita de um texto sobre ela mas também de provocar tristeza e

[204] MACHADO, 2015, p. 299-300.

[205] YÁ Mukumby: Líder negra recebe o título de Cidadã Honorária póstuma de Londrina. *Portal Geledés*, 2 fev. 2013.

> até mesmo sentimento de revolta, somos impulsionados a aclamar sua vida. É num esforço para não perder a essência de sua vida que escrevemos, pois a consciência da sua grandeza e da humanidade que acolhia a todos, sem exceção, e da doação que caracterizou a sua vida nos dá força para lembrar os aspectos que marcaram a sua trajetória[206].

Em 2022, tive a sorte de vivenciar o reconhecimento do título de Doutora *Honoris Causa* para Dona Vilma pelo Conselho Universitário da UEL, que foi aprovado por unanimidade. Como conselheira, pude me manifestar e falar que o fato de não ter convivido com Dona Vilma me fazia ter saudade de um abraço que nunca pude trocar. Foi essencial prestar o meu reconhecimento por toda marca de cultura, militância e afeto deixado por ela.

A história dessas mulheres não se apagará nunca! Por isso, quero fechar esta *femenagem* falando de **Marielle Franco** (1979-2018), que também foi brutalmente assassinada e, assim como costumamos dizer no Brasil, virou semente! Marielle nasceu na favela da Maré, no Rio de Janeiro, em 1979. A luta pelos direitos da população negra, dos pobres e dos favelados acompanhou toda a sua história de vida. Formou-se em Sociologia pela Pontifícia Universidade Católica do Rio de Janeiro (PUC-Rio) e fez mestrado em Administração Pública na Universidade Federal Fluminense (UFF). Teve uma história de militância política filiada ao Partido Socialismo e Liberdade (PSOL), elegeu-se vereadora do Rio de Janeiro para a legislatura 2017-2020 e foi presidente da Comissão da Mulher na Câmara[207]. A pergunta "quem mandou matar Marielle?" continua em nossas vozes. A morte não apagou o legado e Marielle continua semeando força, luta e perseverança. Talvez, o fato de sua irmã, Anielle Franco, ter acabado de assumir o Ministério da Igualdade Racial do Governo Lula seja uma das sementes mais profícuas, não sabemos como será essa gestão, mas a presença de Anielle representa muito nos passos em direção a reconstrução do país.

3 É na luta que a gente se encontra

Vivenciamos, em 2016, o golpe contra a presidenta Dilma Roussef. Dois anos, depois vimos o fascismo assumir o governo do país após uma eleição desenvolvida na atmosfera de enganação desencadeada pelo

[206] PACHECO, Jairo; SILVA, Maria Nilza (org.). *Dona Vilma*: cultura negra como expressão de luta e vida. Londrina: UEL, 2014. p. 11.

[207] *QUEM é Marielle Franco*. Instituto Marielle Franco, 2023.

fenômeno das *fake news*. Foram muitos os desalentos e as dores causados em decorrência dos desmontes de direitos provocados pelas expressões mais cruéis do neoliberalismo, somados a uma lógica que se sustentou no moralismo, no ódio, no racismo e no machismo. Além disso, a pandemia de Covid-19 nos impôs gritantes desafios. No entanto, nesta energia do início de 2023, estamos em uma fase de tirar a *poeira dos porões*, de objetivar todos os desmontes e crimes cometidos pelo governo de Jair Messias Bolsonaro. O acalento é que, ao se constatar as tragédias, o movimento de tentar resolvê-las caminha junto, diferentemente daquilo que vivenciamos nos últimos quatro anos.

O trecho do samba-enredo "História para ninar gente grande", da Escola de Samba Mangueira, colocado na epígrafe deste capítulo foi uma composição de Deivid Domênico, Tomaz Miranda, Mama, Marcio Bola, Ronie Oliveira, Danilo Firmino, Manu da Cuíca e Luiz Carlos Máximo. Por mais que a maioria absoluta dos compositores sejam homens, o samba foi uma ode à história do país que foi invisibilizada. Por isso, propus uma leitura da história do Brasil a partir da luta de mulheres que sonharam sonhos impossíveis, lutaram quando era fácil ceder, venceram o inimigo invencível e permitiram que o mundo observasse flores brotarem do impossível chão, assim como canta Maria Bethânia na linda composição de Chico Buarque e Joe Darion.

Essas mulheres resistiram, fizeram uma história contra-hegemônica e servem como inspiração mediante os desafios. Somos muitas e estamos em todas as partes do mundo. Que nós, mulheres de resistência, possamos nos fortalecer, contagiar, aprender com quem veio antes e ser inspiração para aquelas que ainda estão por vir. Que os homens também possam se inspirar. É na luta antirracista, antipatriarcal e anticapitalista que a gente se encontra.

REFERÊNCIAS

BICUDO, Virgínia Leone. *Atitudes raciais de pretos e mulatos em São Paulo*. São Paulo: Sociologia e Política, 2010.

BORGES, Pedro. Tereza de Benguela, a liderança negra brasileira. *Alma Preta,* 20 jul. 2017. Disponível em: https://www.almapreta.com/editorias/realidade/tereza-de-benguela-a-lideranca-negra-brasileira. Acesso em: 1 set. 2020.

COLLINS, Patrícia Hill. *Bem mais que ideias:* a interseccionalidade como teoria social crítica. São Paulo: Boitempo, 2022.

COLTNE. Tereza Santos. *Coltne,* 2023. Disponível em: https://acervo.cultne.tv/movimentos-sociais/mulher-negra/242/thereza-santos#:~:text=Thereza%20Santos%20foi%20uma%20mulher,autoria%20da%20pe%C3%A7a%20%22E%20agora. Acesso em: 30 jan. 2023.

CONHEÇA a vida e carreira da primeira romancista brasileira. *EBC,* 18 jun. 2019. Disponível em: https://radios.ebc.com.br/antena-mec/2019/06/conheca-vida-e-carreira-da-primeira-romancista-brasileira. Acesso em: 30 jan. 2023.

DAVIS, Angela. *A liberdade é uma luta constante.* São Paulo: Boitempo, 2018.

DONA Ivone Lara. *Dicionário Cravo Albin Da Música Popular Brasileira,* 2023. Disponível em: https://dicionariompb.com.br/artista/dona-ivone-lara/. Acesso em: 30 jan. 2023.

ENTREVISTA com o antropólogo Luiz Mott. *Federação Interestadual de Sindicatos de Engenheiros,* 13 jun. 2013. Disponível em: https://fisenge.org.br/entrevista-com-o-antropologo-luiz-mott/. Acesso em: 30 jan. 2023.

G1. Morre mulher Yanomami fotografada em estado grave de desnutrição. *G1,* 22 jan. 2023. Disponível em: https://g1.globo.com/rr/roraima/noticia/2023/01/22/morre-mulher-yanomami-fotografada-em-estado-grave-de-desnutricao.ghtml. Acesso em: 30 jan. 2023.

GOMES, Janaína Damaceno. *Os segredos de Virgínia:* estudos de atitudes raciais em São Paulo (1945-1955). 2013. Tese (Doutorado em Antropologia Social) – Faculdade de Filosofia, Letras e Ciências Humanas da Universidade de São Paulo, São Paulo, 2013.

GONZALES, Lélia. *Primavera para as rosas negras:* Lélia Gonzales em primeira pessoa. São Paulo: Filhos da África, 2018.

GONZALES, Lélia. Racismo e sexismo na cultura brasileira. *Revista Ciências Sociais Hoje,* Anpocs, [*S.l.*], p. 223-244, 1984.

HOJE na História, 1935, nascia Lélia Gonzalez. *Portal Geledés,* [*S.l.*]. 1 fev. 2012. Disponível em: https://www.geledes.org.br/hoje-na-historia-1935-nascia-lelia-gonzalez/. Acesso em: 30 jan. 2023.

HOMENAGENS. *Fundação Margaria Maria Alves.* [*S.l.*], 2023. Disponível em: https://www.fundacaomargaridaalves.org.br/homenagens/. Acesso em: 30 jan. 2023.

JAMES, Cyril Lionel R. *Os jacobinos negros:* Toussant L'Ouverture e a revolução de São Domingos. São Paulo: Boitempo, 2010.

JESUS, Carolina Maria de. *Quarto de despejo:* diário de uma favelada. 10. ed. São Paulo: Ática, 2014.

JESUS, Jaqueline Gomes de. Xica Manicongo: a transgeneridade toma a palavra. *Revista Docência e Cibercultura,* Rio de Janeiro, v. 3, n. 1, 2019.

KOPENAWA, Davi; ALBERT, Bruce. *A queda do céu:* palavras de um xamã yanomami. São Paulo: Companhia das Letras, 2015.

KRENAK, Ailton. A Potência do Sujeito Coletiva. Entrevista concedida para SILVA, Jailson de Souza. *Revista Periferias.* [*S.l.*], 2023. Disponível em: https://revistaperiferias.org/materia/a-potencia-do-sujeito-coletivo-parte-ii/. Acesso em: 30 jan. 2023.

LELIA Gonzales. *Centro de Referência Negra Lélia Gonzales.* [*S.l.*], 2023. Disponível em: http://leliareferencia.blogspot.com/p/biografia.html. Acesso em: 30 jan. 2023.

LIMA, Roberta. Beatriz Nascimento, atlântica. *Portal Geledés,* 4 nov. 2015. Disponível em: https://www.geledes.org.br/beatriz-nascimento-atlantica/. Acesso em: 30 jan. 2023.

LUÍSA Mahin. *Portal Geledés.* [*S.l.*], 14 mar. 2013. Disponível em: https://www.geledes.org.br/luisa-mahin/. Acesso em: 30 jan. 2023.

MACHADO, Graziela Scheffer. *Serviço Social, formação brasileira e questão social:* na cadência do pioneirismo carioca. 2015. Tese (Doutorado em Serviço Social) – Centro de Ciências Sociais – Escola de Serviço Social, UFRJ, 2015.

MAIO, Marcos Chor. Educação sanitária, estudos de atitudes raciais e psicanálise na trajetória de Virgínia Leone Bicudo. *Cadernos Pagu,* Unicamp, Campinas (SP), v. 35, p. 309-355, 2010.

MARX, Karl. *O 18 de brumário de Luís Bonaparte.* São Paulo: Boitempo, 2011.

MOURA, Clóvis. A quilombagem como expressão de protesto radical. *In:* MOURA, Clóvis (org.). *Os quilombos na dinâmica social do Brasil.* Maceió: EDUFAL, 2001.

MOURA, Clóvis. Sociologia do negro brasileiro. 2. ed. São Paulo: Perspectiva, 2019.

NASCIMENTO, Abdias. *O quilombismo:* documentos de uma militância pan-africanista. São Paulo: Perspectiva; Rio de Janeiro: IPEAFRO, 2019.

NASCIMENTO, Beatriz. *Quilombola e intelectual:* possibilidades nos dias de destruição. São Paulo: Filhos da África, 2018.

NEAB-UFRGS. Aqualtune. *Biografia de Mulheres Africanas.* Rio Grande do Sul (RS), 2023. Disponível em: <https://www.ufrgs.br/africanas/aqualtune-seculos-xvi-x-vii/.> Acesso em: 15 jan. 2023.

NOGUEIRA, André. De princesa africana a escravizada em solo brasileiro: Aqualtune, a avó de zumbi. *Aventuras na História,* 8 jun. 2020. Disponível em: https://aventurasnahistoria.uol.com.br/noticias/reportagem/de-princesa-africana-escravizada-em-solo-brasileiro-aqualtune-avo-de-zumbi.phtml. Acesso em: 30 jan. 2023.

PACHECO, Jairo; SILVA, Maria Nilza (org.). *Dona Vilma*: cultura negra como expressão de luta e vida. Londrina: UEL, 2014.

PLENARINHO. *Aqualtune, a princesa guerreira*. Plenarinho, o jeito criança de ser cidadão, [*S.l.*], 2021a. Disponível em: https://plenarinho.leg.br/index.php/2021/05/aqualtune-princesa-guerreira/. Acesso em: 17 jan. 2023.

PLENARINHO. *Clara Camarão, a primeira heroína indígena do Brasil.* Plenarinho, o jeito criança de ser cidadão, 2021b. Disponível em: https://plenarinho.leg.br/index.php/2021/04/primeira-heroina-indigena-brasil/. Acesso em: 17 jan. 2023.

QUEM é Marielle Franco. *Instituto Marielle Franco.* [*S.l.*], 2023. Disponível em: https://www.institutomariellefranco.org/quem-e-marielle. Acesso em: 30 jan. 2023.

RATTS, Alex. A trajetória intelectual ativista de Beatriz Nascimento. *Portal Geledés,* [*S.l.*], 31 maio 2009. Disponível em: https://www.geledes.org.br/a-trajetoria-intelectual-ativista-de-beatriz-nascimento/. Acesso em: 30 jan. 2023.

ROCHA, Andréa Pires; SANTOS, Jorge Willian da Silva dos. Protagonismo negro de Maria de Lourdes Nascimento e Sebastião Rodrigues Alves: Serviço Social anos 1940-1950. *XVII Encontro Nacional de Pesquisadores em Serviço Social* – ENPESS. UERJ: Rio de Janeiro, 2022.

ROCHA, Andréa Pires. Assistente Social Maria de Lourdes Nascimento: antirracismo e defesa da infância em 1940-1950. *Temporalis,* Brasília, ano 22, n. 44, p. 269-284, jul./dez. 2022.

SANTOS, Ale. O racismo da academia apagou a história de Dandara e Luisa Mahin. *The Intercept,* [*S.l.*], 4 jun. 2019 Disponível em: https://theintercept.com/2019/06/03/dandara-luisa-mahin-historia/. Acesso em: 30 jan. 2023.

SANTOS, Katia Regina da Costa. *Dona Ivone Lara:* voz e corpo da síncopa do samba. 2005. Tese (Doutorado em Romance Languages) – Universidade da Georgia, Estados Unidos, 2005.

SANTOS, Jorge Willian da Silva dos. *O protagonismo negro na história do Brasil:* visibilidade aos assistentes sociais Sebastião Rodrigues Alves e Maria De Lourdes Vale Nascimento. 2022. Trabalho de Conclusão de Curso (Graduação em Serviço Social) –Universidade Estadual de Londrina, Londrina, 2022.

SINTUFRJ. "É melhor morrer na luta do que morrer de fome". *SINTUFRJ*, [*S.l.*], 15 ago. 2022. Disponível em: https://sintufrj.org.br/2022/08/e-melhor-morrer-na-luta-do-que-morrer-de-fome/. Acesso em: 30 jan. 2023.

XAVIER, Giovana. De Maria de Lurdes Vale Nascimento para as "mulheres negras do Brasil". *In:* OLIVEIRA, Iolanda de; PESSANHA, Marcia Maria de Jesus (org.). Educação e relações raciais. Niterói: CEAD/UFF, 2016. p. 119-129.

YÁ Mukumby: Líder negra recebe o título de Cidadã Honorária póstuma de Londrina. *Portal Geledés,* [*S.l.*], 2 fev. 2013. Disponível em: https://www.geledes.org.br/ya-mukumby-lider-negra-recebe-o-titulo-de-cidada-honoraria-postuma-de-londrina/. Acesso em: 30 jan. 2023.

CAPÍTULO 7

A REALIDADE DO ESTÁGIO SUPERVISIONADO EM SERVIÇO SOCIAL NO PARANÁ NA PANDEMIA DE COVID-19: DILEMAS HISTÓRICOS E NOVOS DESAFIOS

Bruna Viviani Viana
Cristiane Carla Konno
Esther Luíza Souza Lemos
Kathiuscia Aparecida Freitas Pereira Coelho

A história é um carro alegre
Cheio de um povo contente
Que atropela indiferente
todo aquele que a negue.
"Cancion por la unidad latinoamericana"
(Pablo Milanés – versão de Chico Buarque (1978)

INTRODUÇÃO

De 2020 até o momento, a realidade foi capturada pela pandemia da Covid-19, provocada pelo vírus Sars-Cov2, levando milhões de vidas à morte em todo o mundo. No Brasil, 698.047[208] mil mortes foram confirmadas pela doença. A situação pandêmica deflagrada em 11 de março imediatamente obrigou a Organização Mundial de Saúde (OMS) a declarar emergência de saúde pública de importância internacional, exigindo dos governantes a adoção de políticas públicas emergenciais para conter a propagação e o impacto da doença na sociedade, mediante a publicação de instrumentos legais e normativos.

A pandemia da Covid-19 aprofundou a barbárie intrínseca ao modo de produção capitalista, que possui em seu cerne o fenômeno basilar da exploração, erigidas pelas faces desumanizantes e destrutivas do capital, redimensionando a crise do capital na esfera econômica, social, cultural e a partir de então também sanitária.

---

[208] Dados oficiais em 18 de fevereiro de 2023. Disponível em: https://covid.saude.gov.br/. Acesso em: 1 mar. 2023.

Nesse contexto, a banalização da morte, dada por diferentes e inúmeras posturas políticas dos governantes, agudizou a crise do capital, ampliando e aprofundando as expressões da "questão social". No Brasil, o cenário pandêmico guiado pela direita ultraconservadora do Governo Bolsonaro (2019-2022) e o caráter necropolítico das ações e respostas ante a Covid-19 aprofundaram as contradições inscritas na sociabilidade do capital, materializadas pela desigualdade social e precarização das condições de vida e trabalho da maioria da população.

Dentre as medidas orientadas pela OMS, o isolamento e o distanciamento social, adotados na maioria dos países, acarretaram o fechamento de escolas e a suspensão das aulas em escolas públicas e privadas, em nível básico e superior e, em decorrência, a substituição das atividades de ensino por atividades não presenciais, executadas por meio de plataformas digitais, afetando 72% da população estudantil do mundo[209].

Na educação brasileira, a adoção do ensino remoto por meio de plataformas digitais e sistemas de gerenciamento de cursos on-line como alternativa, além da exigência urgente de desenvolvimento de habilidades e competências digitais docentes, provocou diversos impactos pedagógicos advindos do uso meramente instrumental das tecnologias de informação e comunicação (TICs). Estas, reduzidas às metodologias e às práticas pedagógicas meramente transmissivas, incidiram sobremaneira na qualidade do ensino quando analisada a partir do acesso, da participação e da aprendizagem efetiva dos sujeitos envolvidos no processo.

No âmbito da formação profissional em Serviço Social, a Associação Brasileira de Ensino e Pesquisa em Serviço Social – ABEPSS –, em 3 de abril de 2020, publicou relevante Nota referente ao processo de formação profissional no contexto da pandemia, especificamente sobre o Estágio Supervisionado em Serviço Social, constituindo-se como documento orientador das Unidades de Formação Acadêmicas – UFAs –, nos Cursos de Serviço Social[210].

No referido documento, a ABEPSS posicionou-se em defesa da vida e da saúde de discentes estagiárias(os), docentes supervisoras(es), profissionais supervisoras(es) de campo e usuárias(os) dos serviços, na medida em que não

[209] UNESCO, 2020.

[210] A "Nota da Associação Brasileira de Ensino e Pesquisa em Serviço Social referente ao Estágio Supervisionado no período de isolamento social para o combate ao novo Coronavírus (covid-19)" está disponível em: https://www.abepss.org.br/noticias/coronavirus-abepss-se-manifesta-pela-suspensao-das-atividades-de-estagio-supervisionado-em-servico-social-367. Acesso em: 17 fev. 2023.

considerou o estágio supervisionado como atividade essencial, mesmo nas situações de estágio não obrigatório. Em muitos casos esta remuneração torna-se imprescindível para as condições de sobrevivência da(o) estagiária(o).

Praticamente um ano depois, em março de 2021, o Conselho Federal de Serviço Social – CFESS – publicou o documento "Supervisão de Estágio em Tempo de Pandemia: reflexões e orientações político-normativas", que passou a orientar as UFAs para a construção de uma política de estágio, sobretudo na realização da supervisão direta de estágio no período pandêmico. Nesse ínterim, as UFAs ofertavam, em caráter excepcional, a modalidade de ensino remoto (ERE) e apresentavam em seu interior inúmeras demandas e questionamentos acerca da continuidade do processo de formação profissional, fomentando o debate e a proposição de realização de ações pertinentes ao estágio supervisionado, considerando a oferta de estágio e supervisão remotos, em caráter excepcional e emergencial.

Partimos da compreensão de que o estágio supervisionado está vinculado às condições objetivas e relações de trabalho das(os) assistentes sociais nos espaços sócio-ocupacionais/campos de estágio. Estes foram alterados profundamente pelo contexto da pandemia, instaurando uma diversidade de regimes de trabalho: presencial, híbrido, semipresencial, remoto, por teletrabalho, por home-office, incluindo aquelas(es) profissionais que, por serem parte de grupos de risco em relação a contaminação e risco de morte pela doença, licenciaram-se e/ou se afastaram dos espaços laborais como forma de proteção, dentre outras condições.

Além disso, muitos(as) profissionais mantiveram-se na "linha de frente", atuando nas áreas consideradas essenciais para o atendimento das demandas postas pela população. Assim, a pandemia da Covid-19 inscreveu uma nova dinâmica na realização do trabalho profissional, conformada por escalas, plantões e rodízios de profissionais. Também, nessas condições e relações de trabalho, registraram-se a falta ou a disponibilidade precária de equipamentos de proteção – EPIs –, não condizentes com as orientações da OMS; a falta de acesso às TICs; o distanciamento do cotidiano profissional exigindo a adoção de novos e outros instrumentos e técnicas, a elaboração de diagnósticos para reconhecimento da realidade dos usuários e de suas demandas, sem a devida discussão de respostas profissionais com a equipe de trabalho; a necessidade de conciliação das demandas domésticas e familiares às requisições do trabalho profissional e, consequentemente, do estágio supervisionado; o adoecimento/sofrimento psíquico tanto de profissionais como de estagiárias(os).

As alterações e conformações do trabalho profissional rebateram nos encaminhamentos e realização do estágio supervisionado, tanto para a abertura de novos campos de estágio supervisionado obrigatório, como na continuidade das atividades deste, imposta pela necessidade de uma nova organização e desenvolvimento do trabalho profissional. O que implicou em questionamentos e preocupações sobre a realização do estágio supervisionado na modalidade presencial.

Com o perdurar da pandemia, os tensionamentos se ampliaram em relação ao processo de formação profissional de um modo geral e também em Serviço Social, pois a suspensão do ensino presencial e a retomada gradual do ensino, a partir do Ensino Remoto Emergencial – ERE –, tiveram como uma das consequências a ampliação do período de vínculo discente com a UFA e o impacto para a integralização da graduação. Esta gerou pressionamento junto às autoridades para o retorno das atividades presenciais, a fim de conclusão da graduação e a necessária inserção no mercado de trabalho.

No contexto do Fórum Nacional em Defesa da Formação e do Trabalho com Qualidade em Serviço Social, criado em 2017, as entidades políticas da categoria profissional, CFESS, ABEPSS e a Executiva Nacional de Estudantes de Serviço Social- ENESSO, foram mobilizadas juntamente às UFAs. A partir da análise da necessidade de se avançar no enfrentamento das particularidades territoriais, teve-se como estratégia a criação de Fóruns Regionais nas cinco regiões do país. Estes promoveram debates, encontros, rodas de conversa e fóruns de discussões com a participação da categoria profissional, docentes e discentes na busca de alternativas e respostas que tornaram possível a construção de orientações que subsidiaram a política de estágio supervisionado, de caráter excepcional e emergencial, no contexto da pandemia.

O fortalecimento desse compromisso se deu no estado do Paraná por meio da Comissão de Orientação e Fiscalização do Conselho Regional de Serviço Social – Cress/11.ª Região –, que deliberou sobre a importância de articulação com a Comissão de Trabalho e Formação Profissional na construção de estratégias de enfrentamento do contexto.

Sendo uma questão candente, o tema do Estágio Supervisionado, e sua respectiva Supervisão, foi problematizado, deliberando-se pela construção de um mapeamento da situação no contexto pandêmico. Mediante articulação do Fórum em Defesa da Formação e do Trabalho com Qualidade da Região Sul I, no ano de 2020, o mapeamento foi realizado, abrangendo as UFAs do estado do Paraná, Santa Catarina e Rio Grande do Sul.

No âmbito do Fórum Regional foi constituída uma comissão de trabalho[211] envolvendo também as Comissões de Orientação e Fiscalização – COFIS – dos CRESS com relevante contribuição, uma vez que dispõem de informações em função do credenciamento obrigatório dos campos de estágio. A partir do instrumental construído coletivamente, houve a aplicação junto às UFAs, a análise, interpretação e socialização dos dados em reunião do Fórum.

No presente trabalho, destacamos as informações referentes ao estado do Paraná, observando-se que a questão do estágio supervisionado se configurou como um grande "nó". Como transpor o estágio para o remoto? Existe estágio remoto? A supervisão pode ser ofertada de forma remoto? Alguma outra atividade pode substituir o estágio? Na retomada das atividades presenciais, é garantido as condições necessárias para o desenvolvimento do estágio? A pandemia reforçou ainda desafios históricos para o estágio em Serviço Social, como a caracterização do estágio não obrigatório como trabalho e a continuidade de suas atividades durante o período pandêmico, muitas vezes para a própria sobrevivência do estudante e sua família.

A seguir apresentamos os dados do mapeamento distinguindo aspectos relacionados ao estágio supervisionado obrigatório e não obrigatório.

2 Os impactos da pandemia da covid-19 no Estágio Supervisionado e na Supervisão de Estágio em Serviço Social no estado do Paraná

O universo de UFAs do estado do Paraná durante esse período representava um total de 34 UFASs[212], destas 24 unidades responderam ao questionário encaminhado, o que corresponde ao alcance de 70,54% das UFAs que ofertam curso de serviço social no estado. Quanto à modalidade de ensino ofertada pelas UFAs que responderam ao questionário, 14 são presenciais, 10 EaD e uma presencial e EaD.

Como medida de enfrentamento à pandemia, a suspensão das atividades acadêmicas presenciais foi determinada pelo governo em âmbito federal, estadual e municipal. Das UFAs respondentes, quando questionadas sobre a suspensão do calendário acadêmico e adesão ao Ensino Remoto

[211] A comissão de trabalho do Fórum Regional Sul foi composta pelos seguintes membros: Alzira Lewgoy (Docente da Ufrgs); Bruna Viviani Viana (Agente Fiscal do Cress PR); Cleide Gessele (Conselheira Cress SC); Elisa Benedetto (Conselheira Cress RS); Géssica Lopes (BIC-Ufrgs); Inez Zacarias (Representante Abepss), Kathiuscia de Freitas Coelho (Docente da UEL e membro Cofi Cress PR) e Larissa de Souza (Representante da Enesso).

[212] Dados levantados pela ABEPSS.

Emergencial (ERE) no período da pandemia, 62,5% informaram que não houve suspensão e 37,5% informaram que o calendário foi suspenso, sendo o período médio de suspensão de até seis meses. No que se refere à adesão ao ensino remoto, 83,3% das UFAs aderiram ao ERE como alternativa à manutenção da oferta das atividades acadêmicas no período, contudo podemos afirmar que 100% das UFAs do estado ofertaram atividades acadêmicas por meio de ambiente virtual, isso porque as demais 16,7% UFAs que indicam a não adesão ao ERE justificam que ofertam o ensino na modalidade EaD. Logo, já fazem uso das tecnologias, métodos e plataformas direcionadas ao ensino a distância.

Ao responderem sobre a suspensão do calendário e/ou adesão ao ERE foi notória a força com que o ERE foi adotado pelas UFAs, muitas vezes impostas pelas universidades sem diálogo direto com os cursos. Algumas UFAs indicam a decisão pela suspensão apenas da atividade presencial do estágio supervisionado, sendo que as demais atividades não foram suspensas e continuaram a ser realizadas de forma remota.

Sobre a suspensão do estágio, questionou-se a posição do colegiado do curso de Serviço Social sobre a realização do estágio supervisionado na conjuntura da pandemia de Covid-19, sendo unânime o posicionamento pela suspensão das atividades de estágio como medida de preservação da vida de docentes, discentes, supervisores de campo e população usuária. As UFAs também reiteram a vigência da legislação profissional e os posicionamentos das entidades da categoria, especialmente quanto à concepção e à necessidade que se assegure a supervisão direta, bem como registraram a importância das Notas e posicionamentos da Abepss como subsídio para se manifestarem junto às respectivas Instituição de Ensino.

2.1 O Estágio Supervisionado Curricular Obrigatório no contexto da pandemia no estado do Paraná

O estágio supervisionado obrigatório é componente curricular obrigatório e adquire centralidade na formação em serviço social, a partir das Diretrizes Curriculares da ABEPSS[213]. As Diretrizes Curriculares da ABEPSS expressam a concepção de formação profissional orientada por uma direção social crítica, que registra a vinculação da profissão com o projeto social da classe trabalhadora e seus interesses, e tem como princípios formativos as

[213] Diretrizes Curriculares da ABEPSS de 1996.

dimensões investigativa e interventiva e sua relação com a teoria e a realidade, tendo no estágio um momento privilegiado do processo formativo, sendo este ofertado enquanto disciplina obrigatória, calcada na indissociabilidade entre formação e exercício profissional.

A estruturação do lugar e a concepção do estágio supervisionado na formação em serviço social estão expressos nas Diretrizes Curriculares (1996), na Política Nacional de Estágio da ABEPSS (2010) e no aparato jurídico normativo que o regulamenta como: a Lei n.º 8662/1993, Lei n.º 11788/2008, a Resolução CFESS n.º 533/2008 e 568/2010, o Código de Ética Profissional (1993), que somados reafirmam e fortalecem o Projeto ético-político profissional. Na esteira das Diretrizes Curriculares, a PNE conceitua-o como

> [...] uma atividade curricular obrigatória que se configura a partir da inserção do aluno no espaço sócio-institucional objetivando capacitá-lo para o exercício do trabalho profissional, o que pressupõe supervisão sistemática. Esta supervisão será feita pelo professor supervisor e pelo profissional do campo, através da reflexão, acompanhamento e sistematização com base em planos de estágio, elaborados em conjunto entre unidade de ensino e unidade campo de estágio, tendo como referência a Lei 8662/93 (Lei de Regulamentação da Profissão) e o Código de Ética do Profissional (1993). O estágio supervisionado é concomitante ao período letivo escolar[214].

Pode-se afirmar que a concepção de estágio supervisionado presente na PNE demonstra uma perspectiva de "unidade teoria-prática", cuja formação e a aprendizagem decorrem do processo de supervisão direta. Tal concepção ainda integraliza todo o conteúdo pedagógico do curso que, necessariamente, deve ser trabalhado no componente curricular estágio supervisionado, de modo a possibilitar ao(à) discente a aproximação com o cotidiano dos indivíduos sociais associado à apropriação de conhecimentos teórico-metodológicos, ético-políticos e técnico-operativos que orientam a profissão e, portanto, exige uma formação de qualidade que forme profissionais com habilidades de interpretar criticamente a realidade social e "desenvolver os elementos fundamentais que vislumbrem as possibilidades concretas de intervenção emancipatória"[215].

---

[214] ABESS/CEDEPSS, 1997, p. 71 *apud* ASSOCIAÇÃO BRASILEIRA DE ENSINO E PESQUISA EM SERVIÇO SOCIAL (ABEPSS). *Política Nacional de Estágio da Associação Brasileira de Ensino e Pesquisa em Serviço Social.* Brasília, DF: Associação Brasileira de Ensino e Pesquisa em Serviço Social, 2010, 16.

[215] FERREIRA, Ana Maria; CASTRO, Marina Monteiro de Castro e. Fóruns de supervisão: fortalecimento da articulação entre universidade e campo de estágio. *In:* SANTOS, Claudia Mônica; LEWGOY, Alzira M. Baptista;

Com base nas Diretrizes Curriculares da ABEPSS de 1996, cada UFA constrói o Projeto Pedagógico do Curso (PPC), o qual comporta as definições em relação ao cumprimento da carga horária exigida para conclusão do curso e obtenção do diploma, componentes curriculares, objetivo, perfil a ser formado etc. Com relação à carga horária mínima disponibilizada para o estágio supervisionado curricular as Diretrizes Curriculares da ABEPSS/1996 e a PNE/2009 estabelecem o percentual mínimo de 15% das 3.000 horas (carga horária mínima) do curso de serviço social[216]. Ou seja, face a carga horária mínima do curso de serviço social a carga horária mínima de estágio supervisionado curricular obrigatório é de 450/horas.

No estado do Paraná, conforme demonstram os dados da presente pesquisa, a carga horária mínima do estágio curricular obrigatório em 41,6% das UFAS é menor que 450 h/a; em 41,6% das UFAS é de 450 h/a 500 h/a; em 12,5% das UFAS é de 501 h/a 550 h/a; e em 4,1% das UFAS é de 451 h/a 600 h/a. Observa-se que na maioria das UFAs do estado do Paraná a carga horária mínima de estágio curricular obrigatório corresponde ao percentual preconizado pelas Diretrizes Curriculares da ABEPSS/1996 e PNE/2009, contudo chama atenção o percentual significativo de UFAs cujos cursos de serviço social dispõem de carga horária inferior às 450 horas mínimas de estágio curricular obrigatório. Descumprimento esse que traz implicações a qualidade do processo formativo, bem como requer articulação das entidades e instâncias representativas em torno de um estágio qualificado.

No contexto de distanciamento e isolamento social em virtude da pandemia de Covid-19, as UFAs aderiram ao ERE como resposta emergencial à necessidade de suspensão das aulas e atividades acadêmicas presenciais, dentre elas, o estágio supervisionado curricular obrigatório. De acordo com os dados, no segundo semestre 2020 – período em que foi realizada a pesquisa –, o estágio supervisionado curricular obrigatório encontrava-se suspenso em 54,2% das UFAs, em 33,3% havia sido suspenso por um período, porém naquele momento havia sido retomado e para 12,5% não houve suspensão da atividade do estágio supervisionado obrigatório, ou seja, em 66,7% das UFAs o estágio supervisionado curricular obrigatório foi ofertado naquele período, somando 495 estagiários(as) em campos de estágios, conforme dados do mapeamento.

ABREU, Maria Helena E. *A supervisão de Estágio em Serviço Social*: aprendizados, processos e desafios. Coletânea Nova de Serviço Social. Rio de Janeiro: Lumen Juris, 2016. p. 177.

[216] A carga horária mínima dos cursos de graduação é determinada pelo parecer n.º 8/2007 e Resolução n.º 2 de junho de 2007 do Conselho Nacional de Educação – Câmara de Ensino Superior/MEC.

Com relação aos campos de estágios registrou-se maior inserção de estagiários(as) nos equipamentos/serviços da política de assistência social e saúde, conforme demonstra o gráfico a seguir:

Gráfico 1 – Área de atuação dos campos com atividade de estágio obrigatório no contexto da pandemia

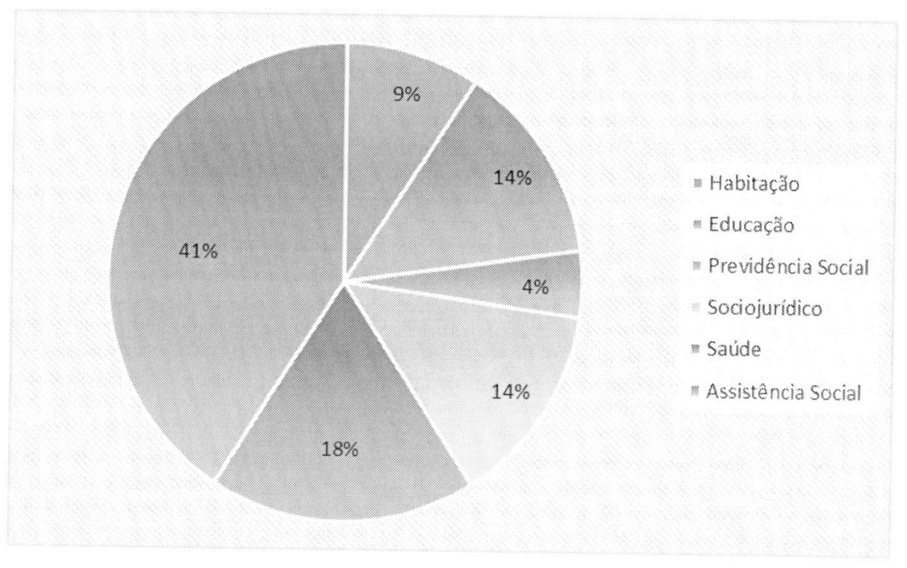

Fonte: mapeamento realizado pela comissão de estágio do Fórum Estadual em Defesa do Trabalho e da Formação em Serviço Social

Compreende-se que os dados demonstrados no gráfico apontam em duas direções não excludentes entre si: a primeira que diz respeito ao fato de as políticas de assistência social e saúde terem sido declaradas políticas essenciais no enfrentamento da pandemia de Covid-19 e, por esse fato, os serviços permaneceram em pleno funcionamento e os(as) assistentes sociais, em sua maioria, permaneceram atuando presencialmente nos espaços sócio-ocupacionais[217], e o trabalho profissional destes compreendido como relevante.

A segunda se refere a, historicamente, essas serem as políticas que concentram o maior índice/número de contratação de assistentes sociais, atuando "predominantemente na formulação, planejamento e execução"

[217] MATOS, Maurílio. *A pandemia do coronavírus (Covid-19) e o trabalho de assistentes sociais na saúde*. Rio de Janeiro: Cress, 2020.

dessas políticas[218]. Corroborando a afirmação da autora, os dados da pesquisa demonstram que as atividades executadas pelos(as) supervisores(as) de campo nos referidos espaços sócio-ocupacionais correspondem ao atendimento direto aos(às) usuários(as) (50%), atividades de gestão (25%) e atividades administrativas (25%). Oportuno destacar que, mesmo diante de um contexto excepcionalidade, as prerrogativas profissionais são preservadas, ou seja, a atuação do assistente social se restringe ao campo das atribuições privativas e competências profissionais, ou seja, ainda que em contexto de calamidade, de excepcionalidade como uma pandemia "[...] devemos nos ater a aquilo que temos competência. Isso resguarda nosso agir profissional e rema contra a sua desprofissionalização"[219].

No que se refere à forma ofertada do estágio supervisionado curricular obrigatório, registra-se que em 38,1% ocorreu na modalidade presencial, 33,3% com a validação de atividades pedagógicas como carga horária de estágio supervisionado e em 28,6% na modalidade remota. Importa sinalizar que a adesão ao formato remoto de ensino e estágio supervisionado e seus impactos para a formação e o trabalho do(a) assistente social ainda estão sendo debatidos pela categoria profissional. As entidades empreenderam esforços para responderem às demandas postas pelo período pandêmico, contudo são

> [...] desafios novos, formas ainda não amadurecidas no debate didático pedagógico para esses formatos, no estágio em Serviço Social, o que requer capacidade coletiva de reflexão dos cursos, articulação entre supervisão acadêmica e de campo, ou seja, docentes, supervisoras/es de campo e discentes devem estar atentas/ os e reflexivas(os) ao movimento da realidade e à construção conjunta de estratégias [...] com a garantia da direção social do projeto de formação e com a qualidade da formação profissional quando a opção é a simples transposição de ações presenciais para a modalidade remota[220].

Especificamente sobre a inserção de estagiários(as) presencialmente nos campos, as UFAs foram indagadas sobre a adesão do campos de estágio e da própria UFA aos protocolos da Anvisa e às recomendações dada pela OMS, sendo informado que em 66,78% o campo de estágio apresentava as condições físicas e materiais, oferecendo os EPIs necessários e suas reposições

---

[218] IAMAMOTO, Marilda Vilela. Os espaços sócio-ocupacionais do assistente social. *In:* CFESS/ABEPSS. *Serviço Social:* Direitos e competências profissionais. Brasília: CFESS/ABEPSS, 2009. p. 345.

[219] MATOS, 2020, p. 3-4.

[220] ABEPSS. *Formação em Serviço Social e o Ensino Remoto Emergencial.* Brasília, DF: Associação Brasileira de Ensino e Pesquisa em Serviço Social, 2021. p. 54.

para o(a) supervisor(a) de campo e o(a) estudante; em 22,2% há possibilidade de testagem para o(a) assistente social e para o(a) estagiário(a) periodicamente e em 11,1% os seguros dos(as) estudantes no estágio cobrem a Covid-19.

De acordo com o informado pelas UFAs, a responsabilidade pelo fornecimento de EPIs recaiu majoritariamente sobre o campo de estágio e o(a) estagiário(a), haja vista que em 57,1% foram disponibilizados somente pelo campo de estágio; em 14,3% somente pelo(a) estagiário(a); em 14,3% pelo campo de estágio e estagiário(a) e 14,3% pelo campo de estágio, pelo(a) estagiário e pela Instituição de Ensino Superior (IES). Os dados evidenciam a desresponsabilização por parte das UFAs para com a oferta de meios necessários para proteção aos(às) estagiários(as) a ela vinculados(as), considerando que os EPIs se conformaram como um dos principais meios de proteção contra a Covid-19 e, por esse fato, ferramenta essencial para assegurar as condições de proteção, segurança e de trabalho de assistente sociais e, consequentemente, as condições de estágio[221].

No que se refere à realização de atividades pedagógicas em substituição à carga horária de estágio, pode-se observar que 33,3% das UFAs naquele período faziam uso desse recurso como estratégia de cumprimento da carga horária de estágio parcial, conforme autorizou Portaria n.º 544/2020/MEC[222]. Frente a esse cenário, a orientação das entidades se deu no sentido de reafirmar a natureza interventiva da profissão que atua diretamente sobre as situações cotidianos que incidem sobre a vida da população usuária e a concepção de estágio disposta na PNE (2010) e nas Diretrizes Curriculares (1996), cujo estágio exprime uma dinâmica na estrutura curricular pautada na "superação da fragmentação do processo de ensino e aprendizagem, de forma a permitir intensa convivência acadêmica entre alunos, professores e sociedade [...] da indissociabilidade entre supervisão e estágio, formação e exercício profissional"[223], contudo, mediante a adoção da UFA do aproveitamento de atividades pedagógicas em carga horária de estágio, que fossem elaborados planos de trabalho específicos e privilegiassem conteú-

[221] ABEPSS, 2021, p. 53-54.

[222] A Portaria n.º 544/2020 do MEC autoriza a realização de atividades não presenciais relativas às práticas do estágio supervisionado, desde que em consonância com as Diretrizes Curriculares dos cursos. Foi possível que os colegiados dos cursos de serviço social deliberassem pelo aproveitamento de atividades pedagógicas em atividades de estágio, e a substituição "deve constar de planos de trabalhos específicos".

[223] LEWGOY, Alzira M, Baptista. Os instrumentos legais e políticos do estágio supervisionado em Serviço Social na defesa da qualidade profissional. *In:* SANTOS, Claudia Mônica; LEWGOY, Alzira M. Baptista; ABREU, Maria Helena E. *A supervisão de Estágio em Serviço Social*: aprendizados, processos e desafios. Coletânea Nova de serviço Social. Rio de Janeiro: Lumen Juris, 2016, p. 138.

dos relativos às exigências e aos desafios postos ao trabalho profissional, às competências e às atribuições profissionais, à dimensão ético-política do trabalho profissional, aos instrumentos técnico-operativos do serviço social, ao estabelecimento de diálogo com assistentes sociais/supervisores de campo sobre o trabalho realizado nas diversas políticas etc.

Os dados da pesquisa demonstram a preocupação das UFAs com a necessidade de conclusão do curso dos estudantes que veem no término do curso a possibilidade de inserção no mercado de trabalho e mudança em sua condição de vida. Também são apresentadas considerações sobre os desafios do atual contexto de excepcionalidade e, devido ao momento atípico, defendem a adoção de medidas também excepcionais para garantia da oferta das atividades acadêmicas, recorrem para tanto às normativas expedidas pelo MEC, ao passo que descrevem as formas de oferta e organização do estágio remoto ou utilização de atividades pedagógicas a serem validadas como horas de estágio supervisionado. Posto isso, as atividades pedagógicas são estratégias de aproveitamento de carga-horária possível para o contexto pandêmico, no entanto é indiscutível o prejuízo do estudante da não realização do estágio presencialmente conforme concepção de estágio defendida e preconizada pelas normativas já citadas.

Quanto à garantia da supervisão direta, de acordo com a pesquisa 84,6% informaram garantir o acompanhamento das atividades de estágio supervisionado curricular obrigatório, sendo os outros 15,4% referentes às UFAs que informaram não ter estudantes inseridos(as) em campos de estágio, ou seja, a totalidade dos(as) estagiários(as) em cumprimento do estágio curricular obrigatório estava sem processo de supervisão. O estágio curricular em serviço social se consubstancia pela sua indissociabilidade com a supervisão direta[224], que por seu turno expressa a indissociabilidade entre trabalho e formação profissional, articulando as duas dimensões da profissão,

> [...] de modo a realizar uma síntese de múltiplas determinações que envolvem o exercício profissional na sua totalidade: as condições objetivas que se operam no mercado de trabalho, as condições subjetivas relativas ao sujeito e a necessidade de qualificá-las permanentemente. Nessa perspectiva, a supervisão, na condição de atribuição, contempla uma dimensão formativa[225].

[224] ABEPSS, 2010, p. 14.

[225] GUERRA, Yolanda; BRAGA, Maria Elisa. Supervisão em Serviço Social. *In:* CFESS/ABEPSS. *Serviço Social:* Direitos e competências profissionais. Brasília: CFESS/ABEPSS, 2009, p. 533.

O estágio supervisionado curricular obrigatório deve cumprir algumas exigências, nos termos da Resolução CFESS n.º 533/2008 e a Lei n.º 11788/2008, dentre elas a garantia da supervisão direta, ou seja, a supervisão de campo e acadêmica. Destaca-se que, de acordo com a Lei n.º 8662/1993, a supervisão de estágio em serviço social é atribuição privativa do assistente social, disposta no artigo 5.º, inciso VI.

Sobre a forma de realização da supervisão de campo nas atividades de estágio supervisionado curricular obrigatório a pesquisa demonstrou que em 53,8% das UFAs ocorreu presencialmente, ou seja, o(a) estudante em estágio presencial e o(a) supervisor(a) de campo em trabalho presencial; em 30,08% ocorre remotamente, ou seja, o(a) estudante em estágio remoto e o(a) supervisor(a) de campo em trabalho remoto; em 7,7% ocorre o(a) estudante em estágio remoto e o(a) supervisor(a) de campo em trabalho presencial. Destaca-se que não foram registradas situações em que não ocorre supervisão de campo, porém 7,7% das UFAs informaram que a supervisão de campo é realizada de formas descritas como "híbridas", em que parte do processo ocorre presencialmente e parte remotamente frente às diversas estratégias adotadas para a realização das atividades de estágio. Evidentemente, a pandemia acrescenta tensões a um processo que já desafia os(as) assistentes sociais cotidianamente, considerando a lógica de precarização das condições e relações de trabalho, compreendida como atividade inerente ao trabalho do(a) assistente social, o que dificulta o processo de realização de supervisões sistemáticas.

Com relação à supervisão acadêmica constata-se que em 41,7% das UFAs ela é realizada presencialmente, ou seja, o(a) estudante em estágio presencial e supervisor(a) acadêmico(a)-docente em trabalho presencial; em 33,3% ocorre remotamente, remotamente com o(a) estudante em estágio remoto e supervisor(a) acadêmico(a)-docente em trabalho remoto e em 25% ocorre com o(a) estudante em estágio presencial e o(a) supervisor(a) acadêmico(a)-docente em trabalho remoto.

2.2 O Estágio Supervisionado Curricular Não Obrigatório no contexto da pandemia no Paraná: formação ou trabalho?

O debate sobre o estágio não obrigatório no Serviço Social não é novidade, desde a PNE a categoria vem discutindo sobre os entraves e dificuldades colocados pela conjuntura de crise do capital, no qual o estágio em muitas situações é compreendido como trabalho. A Lei n.º 11788/2008 o define como "atividade opcional, acrescida à carga horária regular e obrigatória". Para o Serviço Social, a partir da concepção de estágio construída, os estágios obrigatórios e não obrigatórios devem ocorrer nas mesmas condições, possibilitando ao aluno os objetivos propostos para esse componente curricular. A realização do estágio curricular não obrigatório está submetida ao regramento estabelecido pelo CFESS, por meio da Resolução CFESS n.º 533/2008, de maneira que devem ser assegurados requisitos básicos como espaço físico adequado, disponibilidade do(a) supervisor(a) de campo para o acompanhamento presencial, desenvolvimento de atividades relacionadas aos artigos 4.º e 5.º da Lei n.º 8662/1993, elaboração de plano de estágio, supervisão acadêmica etc.

Conforme PNE[226], essa modalidade de estágio deve estar contemplada no Projeto Pedagógico do Curso (PPC) e pode ser configurada como "atividade complementar, disciplina ou outra forma prevista no projeto político pedagógico dos cursos, desde que garantida a supervisão acadêmica (com carga horária e a supervisão de campo"[227]. No âmbito do estado do Paraná, apenas 29,2% das UFAs que responderam a presente pesquisa preveem no PPC o aproveitamento das horas de estágio supervisionado curricular não obrigatório no cômputo das horas exigidas para o estágio supervisionado curricular obrigatório.

No que tange à suspensão do estágio supervisionado curricular não obrigatório no contexto da pandemia, foi registrado que em 37,5% das UFA não houve suspensão em nenhum momento da pandemia dessa atividade, em 16,7% o estágio não obrigatório encontrava-se suspenso no momento da pesquisa[228] e 45,8% foram suspensos, porém retomados, ou seja, é possível afirmar que, no momento da pesquisa, segundo semestre de 2020, quando ainda não havia vacina para a Covid-19, 83,3% dos estágios não obrigatórios estavam em atividade. O conteúdo do estágio curricular não obrigatório é objeto de debate no âmbito da categoria profissional antes da pandemia e sua execução apresenta uma série de desafios às UFAs, especialmente quanto às condições de sua operacionalização e ao processo de acompanhamento didático-pedagógico no atual contexto de contrarreforma do ensino superior. Contudo, a pandemia agravou os desafios enfrentados na materialização da concepção de estágio defendida pelo Serviço Social e o caráter formativo dessa atividade. Com o acirramento das desigualdades, pobreza e situações vivenciadas pela classe trabalhadora decorrentes da crise do capital e da crise sanitária, o estágio não obrigatório configurou-se como uma fonte de renda e sustento dos estudantes e suas famílias durante esse período.

[226] ABEPSS, 2010. Política Nacional de Estágio.

[227] ABEPSS, 2010, p. 30-31.

[228] Dado referente ao segundo semestre do ano de 2020.

As UFAs ressaltam ainda a preocupação com a condição de vida dos(as) estagiários(as), que por vezes dependem da bolsa de estágio para garantia das condições de sobrevivência, bem como frente à necessidade de conclusão do curso e ingresso no mercado de trabalho.

> Contextualizar contemporaneamente o estágio não obrigatório é considerar que ainda vivenciamos dificuldades no acompanhamento deste processo educacional, visto que os períodos de não suspensão desta atividade no período de pandemia, não coincidem com as recomendações preconizadas pelas normativas profissionais. Há dificuldades no reconhecimento da vinculação desta modalidade de estágio ao processo de formação profissional e, portanto, prosseguem as fragilidades em sua relação com a supervisão acadêmica e de campo. Avaliamos como um dos grandes desafios, o enfrentamento e o acirramento da precarização das condições de estágio supervisionado não-obrigatório. Ele deve ser realizado nas mesmas condições que o estágio obrigatório. Estágio não é trabalho[229]!

De acordo com os dados informados pelas UFAs, 249 estagiários(as) permaneciam desenvolvendo as atividades de estágio curricular não obrigatório, sendo os principais campos de estágio apresentados no gráfico a seguir:

Gráfico 2 – Área de atuação dos campos com atividades de estágio não obrigatório no contexto da pandemia

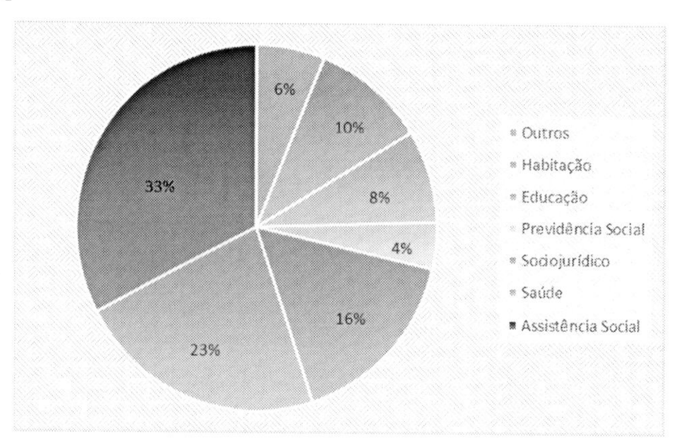

Fonte: mapeamento realizado pela comissão de estágio do Fórum Estadual em Defesa do Trabalho e da Formação em Serviço Social

[229] LEWGOY, Alzira M, Baptista; ZACARIAS, Inez Rocha; COELHO, Kathiuscia Aparecida Freitas Pereira; VIANA, Bruna Viviani. *Estágio e supervisão no contexto da pandemia*: um estudo da Região Sul I do país. Encontro Nacional de Pesquisadores em Serviço Social, ENPESS. Rio de Janeiro, 2022.

Assim como no estágio obrigatório, os campos de atuação com maior prevalência de inserção de estagiários(as) vinculados à modalidade não obrigatória são Assistência Social e Saúde, respectivamente, como já mencionado, serviços essenciais que tiveram sua continuidade durante a pandemia. As atividades desenvolvidas pelos(as) assistentes sociais supervisores(as) nos campos de atuação supramencionados se vinculam ao atendimento direto aos(às) usuários(as) (51,7%), atividades de gestão (24,1%) e atividades administrativas (24,1%), sendo que em alguns casos os(as) profissionais realizam o trabalho por meio remoto, especialmente aqueles(as) que compõem o grupo de risco, e em outros presencialmente.

Com relação à inserção dos(as) estagiários(as) observa-se que predominantemente se deu na modalidade presencial (75%), sendo apenas 25% na modalidade remota. Podemos citar como exemplos desses 25%, campos como o INSS e o Tribunal de Justiça do estado do Paraná, campos que tradicionalmente ofertam vagas de estágio não obrigatório e que estavam em atividade remota nesse período. Nesses casos, tanto o assistente social como o estagiário encontravam-se em atividade remota.

Aqui cabe enfatizar que um debate que permeou o desenvolvimento dos estágios não obrigatórios nesse período é de que o estágio não pode ser considerado atividade essencial na prestação de serviço à população usuária, considerando sua natureza formativa. As entidades posicionaram-se pela manutenção dos termos de estágio/termo de convênio com a devida manutenção das bolsas de estágio e a suspensão das atividades. No entanto, a pesquisa demonstra que apesar do posicionamento unânime das UFAs pela suspensão das atividades de estágio durante a pandemia, o estágio não obrigatório teve sua continuidade e, para a maioria, de forma presencial.

Tendo em vista o número significativo de estagiários em atividade presencial de estágio não obrigatório, outra questão merece atenção: se os campos de estágio e a UFA seguiram os protocolos da Anvisa e as recomendações dada pela OMS para a inserção dos(as) estagiários(as) em campo. A esse respeito, registra-se que em 77,8% o campo de estágio apresenta as condições físicas e materiais, oferecendo os EPIs necessários e suas reposições para o(a) supervisor(a) de campo e o(a) estudante; em 11,1% os seguros dos(as) estudantes no estágio cobrem a Covid-19 e em 5,6% a possibilidade de testagem para o(a) assistente social e para o(a) estagiário(a) periodicamente.

Com relação à disponibilização de EPIs, a pesquisa mostra que majoritariamente a responsabilidade de oferta de mecanismos de proteção recai sobre o campo de estágio e o(a) estagiário, 44,4%, em 27,8% apenas o campo se responsabilizou pela disponibilização dos equipamentos; em 11,1% a disponibilidade partiu do campo, UFA e/ou estagiário; em 5,6% os equipamentos foram disponibilizados pelo campo e pela UFA; e em 11,1% os responsáveis pelos EPIs foram apenas estagiários. Apesar de o número não ser relevante em relação aos demais, o dado é significativo, pois a responsabilidade pelos EPIs não deveria partir apenas dos estudantes estagiários, assim como supracitado no estágio obrigatório.

Com relação à garantia da supervisão direta, processo pelo qual se infere a relação entre os três sujeitos do estágio supervisionado (supervisor[a] de campo, supervisor[a] acadêmico e estagiário[a]), 83,3% das UFAs informam ter garantido a supervisão direta aos(às) estagiários(as) em atividades na modalidade não obrigatório. A supervisão direta é pressuposto fundamental para ser assegurada a qualidade do processo de ensino- aprendizagem. A ação deve ser realizada conjuntamente pelo(a) supervisor(a) de campo e supervisor(a) acadêmico(a) estabelecendo-se um espaço de reflexão e debate construindo assim a relação indissociável entre formação e trabalho profissional. Relevante destacar que, na modalidade de estágio não obrigatório, a supervisão deve ocorrer exatamente como na modalidade do estágio obrigatório, proporcionando as mesmas condições de aprendizado ao estudante estagiário(a).

As formas pelas quais a supervisão direta tem ocorrido são diversas. No caso da supervisão de campo majoritariamente (60%) tem sido realizada com estudante e supervisor presencialmente no campo, ou seja, estudante em estágio presencial e supervisor de campo em trabalho presencial. Posteriormente, a maior prevalência é da supervisão de campo realizada de forma remota (24%), com estudante em estágio remoto e supervisor(a) de campo em trabalho remoto. Os outros 16% se referem à supervisão realizada com estudante em estágio remoto e o(a) supervisor de campo em trabalho presencial. Destacamos que não houve registro de situações/UFAS em que não ocorre supervisão de campo.

No que se refere à supervisão acadêmica no estágio curricular não obrigatório se constata que em 44% a supervisão acadêmica ocorre remotamente com o(a) estudante em estágio remoto e supervisor(a) acadêmico(a)-docente em trabalho remoto; em 36% estudante está em estágio remoto e supervisor(a) acadêmico(a)-docente em trabalho presencial; em 16% ambos se encontram presencialmente, ou seja, estudante em estágio presencial e supervisor(a) acadêmico(a)-docente em trabalho presencial. Já em 4% o processo de supervisão acadêmica não vem sendo realizado, e, nesse sentido, é preciso reiterar que a legislação profissional conforme a necessidade de articulação orgânica entre as UFAs e os campos de estágio, ao passo que se reconhece a importância do papel de cada sujeito no processo de realização do estágio supervisionado, inclusive para que se ultrapasse a perspectiva do treinamento.

3 Considerações finais

Em recente pesquisa, Hillesheim, Manfroi e Cartaxo[230] evidenciam a pouca bibliografia que analisa o estágio em Serviço Social e a supervisão "em relação com as condições e relações de trabalho presentes nos diversos campos sócio-ocupacionais onde atuam os profissionais supervisores e estagiários/as"[231]. Avançar em estudos e pesquisas que tematizem essa problemática é fundamental, pois, de acordo com os autores, consideramos que "as condições de trabalho precárias determinam o ser existente do serviço social e também o vir a ser, na medida em que interferem na e condicionam a formação dos futuros assistentes sociais"[232].

A adesão das UFAs ao Ensino Remoto Emergencial – ERE – salientou as contradições da pandemia e as dificuldades na defesa de uma educação pública, gratuita, presencial, de qualidade e socialmente referenciada. Os posicionamentos das entidades da categoria profissional revelam parte dos desafios impostos ao estágio supervisionado em serviço social pelo contexto pandêmico e a necessidade de reafirmar a vigência das normativas profissionais e urgência de articulá-las no cotidiano profissional.

Os dados da pesquisa realizada mostram que as respostas encontradas pelas UFAs na operacionalização do estágio e da respectiva supervisão foram reportadas para decisões colegiadas, considerando a realidade e especificidade de cada curso, face à prerrogativa da autonomia universitária.

Outro determinante que a pandemia impôs na relação entre trabalho e formação profissional foi o reforço à aprendizagem flexível, condizente com a flexibilização do capital, das relações de trabalho, das contrarreformas do Estado que reafirmam uma educação para o trabalho que se diz flexível, aligeirado, inteligente tecnologicamente, que enfatiza o conhecimento tácito em detrimento do conhecimento universal, obstaculizando o acesso ao patrimônio material e imaterial produzido historicamente pela humanidade.

---

[230] HILLESHEIM, Jaime; MANFROI, Vania Maria; CARTAXO, Ana Maria Baima. *Estágio Supervisionado em Serviço Social:* contradições no cotidiano de trabalho. Florianópolis: Emais, 2022.

[231] HELLESHEIM *et al.*, 2022, p. 123.

[232] HELLESHEIM *et al.*, 2022, p. 153.

Considerando que a concepção de estágio supervisionado, seus princípios, diretrizes e política só podem ser interpretados quando remetidos a um projeto de profissão, que conduz a determinado perfil profissional, a disputa por essa concepção é imprescindível, porque ela demanda indagar qual perfil de profissional se deseja formar e para qual sociedade. O estágio permite o desenvolvimento de competências e habilidades, o que significa criar uma cultura de formação contínua, em nome do compromisso com a qualidade dos serviços prestados à população[233].

Paulatinamente, a educação superior foi retomando o ensino presencial, por meio de orientações específicas estabelecidas pelos seus dirigentes na medida em que, simultaneamente, os riscos de contaminação foram sendo enfrentados até a criação das vacinas, o que não significou o afrouxamento da proteção e do risco de morte pela doença. Na especificidade do estágio supervisionado, a realidade demandou o desafio da reorganização do ensino presencial, pois já não cabiam as mesmas práticas num contexto profundamente transformado e alterado pela pandemia da Covid-19. Esta impôs a necessidade de assegurar e qualificar a realização da supervisão direta de estágio, a partir da contextualização e reflexão crítica da realidade antes e depois da pandemia.

Sem dúvidas o processo reafirmou certezas e desafios, demandando um esforço teórico-intelectual e técnico-operativo para a análise do tempo real e a perspectiva de formação profissional nesse contexto. É fundamental que, em meios aos ataques sofridos em um período de excepcionalidades, estas não sejam normalizadas. Para tanto, construir estratégias coletivas que envolvam as UFAs e as entidades organizativas da profissão devem ser fortalecidas em espaços como o Fórum em Defesa do Trabalho e da Formação de qualidade das(os) assistentes sociais.

REFERÊNCIAS

ASSOCIAÇÃO BRASILEIRA DE ENSINO E PESQUISA EM SERVIÇO SOCIAL (ABEPSS). *Diretrizes Gerais para o curso de Serviço Social*. Brasília: Associação Brasileira de Ensino e Pesquisa em Serviço Social, 1996. Disponível em: https://www.abepss.org.br/arquivos/textos/documento_201603311138166377210.pdf. Acesso em: 1 fev. 2023.

[233] GUERRA, Yolanda. Estágio Supervisionado em Serviço Social: relação entre formação e serviço profissional. *In:* SANTOS, Claudia Mônica; LEWGOY, Alzira M. Baptista; ABREU, Maria Helena E. *A supervisão de Estágio em Serviço Social:* aprendizados, processos e desafios. Coletânea Nova de serviço Social. Rio de Janeiro: Lumen Juris, 2016.

ASSOCIAÇÃO BRASILEIRA DE ENSINO E PESQUISA EM SERVIÇO SOCIAL (ABEPSS). *Política Nacional de Estágio da Associação Brasileira de Ensino e Pesquisa em Serviço Social.* Brasília: Associação Brasileira de Ensino e Pesquisa em Serviço Social, 2010. Disponível em: https://www.abepss.org.br/arquivos/textos/documento_201603311138166377210.pdf. Acesso em: 1 fev. 2023.

ASSOCIAÇÃO BRASILEIRA DE ENSINO E PESQUISA EM SERVIÇO SOCIAL (ABEPSS). *Formação em Serviço Social e o Ensino Remoto Emergencial.* Brasília: Associação Brasileira de Ensino e Pesquisa em Serviço Social, 2021. Disponível em: https://www.abepss.org.br/arquivos/textos/documento_201603311138166377210.pdf. Acesso em: 1 fev. 2023.

BRASIL. Lei n.º 8.662 de 7 de junho de 1993. *Dispõe sobre a profissão de assistente social e dá outras providências.* Brasília (DF), 1993. Disponível em: http://www.planalto.gov.br/ccivil_03/Leis/L8662.htm. Acesso em: 29 jan. 2023.

CAPUTTI, Lesliane. Estágio supervisionado em serviço social e as avessas consignações frente a pandemia covid-19. Desafios a lógica das diretrizes curriculares. Serviço Social em Perspectiva. Mesa Coordenada Temática – Estágio em Serviço Social no estado de Minas Gerais no Contexto Da Covid-19: Experiências E Reflexões. v. 6 n. Especial (2022). *In:* III ENCONTRO NORTE MINEIRO DE SERVIÇO SOCIAL – ENMSS. *Anais* [...]. Unimontes. Montes Claros, abril 2022.

CONSELHO FEDERAL DE SERVIÇO SOCIAL (CFESS). *Resolução n.º 533, de 29 de setembro de 2008.* Ementa: Regulamenta a Supervisão Direta de Estágio no Serviço Social. Brasília: Conselho Federal de Serviço Social, 2008.

FERREIRA, Ana Maria; CASTRO, Marina Monteiro de Castro e. Fóruns de supervisão: fortalecimento da articulação entre universidade e campo de estágio. *In:* SANTOS, Claudia Mônica; LEWGOY, Alzira M. Baptista; ABREU, Maria Helena E. *A supervisão de Estágio em Serviço Social:* aprendizados, processos e desafios. Coletânea Nova de Serviço Social. Rio de Janeiro: Lumen Juris, 2016. p. 173-189.

GUERRA, Yolanda. Estágio Supervisionado em Serviço Social: relação entre formação e serviço profissional. *In:* SANTOS, Claudia Mônica; LEWGOY, Alzira M. Baptista; ABREU, Maria Helena E. *A supervisão de Estágio em Serviço Social*: aprendizados, processos e desafios. Coletânea Nova de serviço Social. Rio de Janeiro: Lumen Juris, 2016. p. 101-124.

GUERRA, Yolanda; BRAGA, Maria Elisa. Supervisão em Serviço Social. *In:* CFESS/ ABEPSS. *Serviço Social*: Direitos e competências profissionais. Brasília: CFESS/ ABEPSS, 2009. p. 531-552.

HILLESHEIM, Jaime; MANFROI, Vania Maria; CARTAXO, Ana Maria Baima. *Estágio Supervisionado em Serviço Social:* contradições no cotidiano de trabalho. Florianópolis: Emais, 2022.

IAMAMOTO, Marilda Vilela. Os espaços sócio-ocupacionais do assistente social. *In:* CFESS/ABEPSS. *Serviço Social*: Direitos e competências profissionais. Brasília: CFESS/ABEPSS, 2009. p. 341-375.

LEWGOY, Alzira M, Baptista. Os instrumentos legais e políticos do estágio supervisionado em Serviço Social na defesa da qualidade profissional. *In:* SANTOS, Claudia Mônica; LEWGOY, Alzira M. Baptista; ABREU, Maria Helena E. *A supervisão de Estágio em Serviço Social:* aprendizados, processos e desafios. Coletânea Nova de serviço Social. Rio de Janeiro: Lumen Juris, 2016. p. 101-124.

LEWGOY, Alzira M. Baptista.; ZACARIAS, Inez Rocha; COELHO, Kathiuscia Aparecida Freitas Pereira; VIANA, Bruna Viviani. Estágio e supervisão no contexto da pandemia: um estudo da Região Sul I do país. *In:* ENCONTRO NACIONAL DE PESQUISADORES EM SERVIÇO SOCIAL, ENPESS. *Anais* [...]. Rio de Janeiro, 2022.

MATOS, Maurílio. *A pandemia do coronavírus (Covid-19) e o trabalho de assistentes sociais na saúde.* Rio de Janeiro: Cress, 2020. Disponível em: http://www.cress-es.org.br/wp-content/uploads/2020/04/Artigo-A-pandemia-do-coronav%C3%ADrus-COVID-19-e-o-trabalho-de-assistentes-sociais-na-sa%C3%BAde-2.pdf. Acesso em: 14 jan. 2023.

CAPÍTULO 8

EXPERIÊNCIA FÓRUM DE SUPERVISÃO DE ESTÁGIO NO PARANÁ: ESTRATÉGIAS COLETIVAS EM DEFESA DA FORMAÇÃO E DO TRABALHO PROFISSIONAL

Andrea Luiza Curralinho Braga
Bruna Viviani Viana
Cristiane Carla Konno
Edinaura Luza
Mileni Alves Secon

INTRODUÇÃO

O processo de supervisão de estágio em Serviço Social não deve ser um momento isolado entre o(a) supervisor(a), seja de campo ou acadêmico, e o(a) estagiário(a) sob sua responsabilidade, mas sim articulado entre os três sujeitos participantes desse processo. A partir dessa afirmativa, temos como objetivo deste artigo apresentar o Fórum de Supervisão de Estágio em Serviço Social do Paraná, como estratégia privilegiada para socializar, fortalecer e resistir, na defesa da formação profissional de qualidade articulada ao trabalho profissional, tendo em vista sua indissociabilidade.

A Associação Brasileira de Ensino e Pesquisa em Serviço Social (ABEPSS), em 2018, lançou no XVI Encontro Nacional de Pesquisadores em Serviço Social (ENPESS) a cartilha que tematiza os Parâmetros para organização dos fóruns de supervisão de estágio em Serviço Social, com o objetivo de provocar o debate nacional sobre a necessidade de organização e operacionalização desses Fóruns em todos os estados do país. A entidade destaca que a referência a parâmetros não é uma receita, uma regra, mas diretrizes para que cada estado possa, a partir de suas particularidades regionais, articular e/ou rearticular esse espaço[234].

[234] ASSOCIAÇÃO BRASILEIRA DE ENSINO E PESQUISA EM SERVIÇO SOCIAL (ABEPSS). Parâmetros para organização dos fóruns de supervisão de estágio em serviço social. *Temporalis,* Brasília, v. 18, n. 36, 2018.

Nesse sentido, a ABEPSS enfatiza no documento supramencionado a importância da articulação entre os sujeitos envolvidos na formação profissional: acadêmico(a), supervisor(a) acadêmico(a) e supervisor(a) de campo, com vistas à garantia de uma formação profissional de qualidade, na direção e defesa de um projeto profissional crítico, que corrobora as pautas emancipatórias da profissão. Esse processo é fomentado pelo movimento dialético entre a realidade dos campos de estágio, as condições objetivas e subjetivas de realização do trabalho profissional e as reflexões oriundas desse movimento. Ademais, também possibilita que as Unidades de Formação Acadêmicas (UFAs) fortaleçam e/ou repensem os Projetos Políticos Pedagógicos dos cursos de Serviço Social. Certamente, tal defesa não se direciona a uma formação focada no mercado de trabalho, mas sim a uma formação que dialogue com os espaços concretos de materialização do trabalho profissional, nos quais estão presentes os três sujeitos do estágio supervisionado.

A compreensão das autoras sobre os Fóruns de Supervisão de Estágio coaduna com a orientação da ABEPSS quando esta apresenta esse espaço como mais um instrumento de "enfrentamento político-pedagógico ao processo de precarização e mercantilização da educação superior brasileira[235]", por meio de privatização, sucateamento das universidades públicas, redução de orçamento para realização de pesquisa e extensão, e o reforço ao ensino a distância. Por isso, manter a articulação desses fóruns se torna, como aponta Lewgoy[236], "uma necessária articulação e conexões entre formação, exercício profissional e projeto ético-político, diante das determinações do mundo do trabalho". Ainda segundo Lewgoy,

> [...] os fóruns, [...], são mecanismos de articulação entre sujeitos, reforçando a direção ética, teórica, técnica e política, de estratégias de formação permanente para a qualificação das propostas de formação profissional e de organização política[237].

Importante destacar que os Fóruns de Supervisão de Estágio em Serviço Social agregam todos os sujeitos participantes desse momento e não mais apenas os(as) supervisores(as) acadêmicos(as) e de campo, sendo uma instância de debate, reflexões, troca de experiências, fortalecimento da construção de uma formação teórico-metodológica, ético-política e téc-

---

[235] ABEPSS, 2018, p. 11.

[236] LEWGOY, 2011 *apud* ABEPSS, 2018, p. 444.

[237] LEWGOY, 2011 *apud* ABEPSS, 2018, p. 444.

nico-operativa de qualidade e comprometida com o trabalho profissional nessa mesma direção. No debate sobre os fóruns, juntamente à ABEPSS, as demais entidades da categoria – Conjunto CFESS/CRESS e ENESSO – se somam para o fortalecimento de estratégias que colaborem com a direção crítica da formação e do trabalho profissional.

Referendando a discussão proposta neste artigo sobre a relevância dos Fóruns de Supervisão de Estágio em Serviço Social, este se apresenta em três momentos: num primeiro, retomamos o histórico da articulação dos Fóruns de Supervisão propostos pela ABEPSS na Política Nacional de Estágio em 2010 e sua formalização em 2011, durante o Encontro Nacional de Ensino e Pesquisa em Serviço Social (ENPESS); num segundo momento, evidenciamos o processo de constituição e consolidação do Fórum de Supervisão de Estágio em Serviço Social no estado do Paraná, destacando o papel dos sujeitos envolvidos com o objetivo mais amplo de fortalecer a formação e o trabalho profissional, tendo como horizonte as construções coletivas de defesa da categoria e do Projeto Ético-Político da profissão; e no terceiro momento, apresentamos o mapeamento realizado junto às UFAs do Paraná, relacionado ao estágio supervisionado, à supervisão de estágio em Serviço Social e à disciplina de estágio e como estas se articulam no Fórum Local de Supervisão de Estágio em Serviço Social, destacando as dificuldades e potencialidades nessas UFAs.

1 Histórico de constituição dos Fóruns de Supervisão de Estágio em Serviço Social

A constituição dos Fóruns de Supervisão de Estágio em Serviço Social surge no bojo de uma conjuntura marcada pelo crescimento do ensino superior no Brasil, caracterizado pela aceleração do processo formativo, na lógica mercantil e precarizada, o que impacta diretamente na formação e no trabalho do/da assistente social.

Importante ressaltar que o movimento pela consolidação de Fórum de Supervisão de Estágio é resgatado na construção da Política Nacional de Estágio (PNE), em 2010, e retomado em 2011, no I Fórum Nacional de Supervisores na Oficina Nacional da ABEPSS no Rio de Janeiro[238].

Nesse evento, os conteúdos das discussões expressaram a priorização do debate do "Fórum de Supervisores de Estágio como instrumento da

[238] ABEPSS, 2018.

qualificação da formação profissional em Serviço Social"[239]. Para a reafirmação da necessidade de consolidação dos Fóruns ocorreu a socialização de experiências estaduais e seus impactos na formação e trabalho das/dos assistentes sociais. Também foram socializadas as ações regionais da ABEPSS, as estratégias, os avanços e as dificuldades encontradas na concretização dos seus respectivos Fóruns estaduais, estabelecendo um balanço panorâmico da consolidação da PNE.

O objetivo principal do debate voltou-se à construção, coletivamente, de uma pauta nacional de ações para o avanço e a consolidação dos Fóruns Estaduais, qualificando o estágio supervisionado no processo de formação e exercício profissional. Desse modo, o resultado da implementação dos Fóruns se estabelece como estratégia organizativa e coletiva, que agrega profissionais, docentes, estudantes, UFAs, entidades organizativas e outros sujeitos envolvidos no processo de supervisão de estágio. Esse espaço corrobora na organização dos(as) supervisores(as) de estágio em Serviço Social, em nível nacional, bem como na divulgação e na troca de experiências, contribuindo, assim, para o aprimoramento da formação profissional e para a elaboração de plano de estágio, considerando seu propósito no processo de formação profissional. Cabe destacar os resultados positivos desse primeiro encontro do Fórum Nacional, o qual contou com a participação de aproximadamente 150 supervisores(as), membros dos regionais da ABEPSS e conselheiros do Conjunto CFESS/CRESS[240].

O II Encontro do Fórum Nacional de Supervisão de Estágio foi realizado em novembro de 2012 e integrou a programação do XIII ENPESS. Esse evento teve por objetivo contribuir para a implementação, o fomento e a consolidação da organização dos(as) supervisores(as) de estágio em Serviço Social, por meio de seus respectivos Fóruns de Supervisão de Estágio (locais, estaduais, regionais).

A organização dos Fóruns de Supervisão intensifica, de forma orgânica, a indissociabilidade entre trabalho e formação profissional. Essa experiência vem mostrando que tais vínculos se fortalecem nesse processo, por retomar aspectos centrais presentes nas Diretrizes Curriculares, a afirmação do estágio como lócus privilegiado de síntese do processo de formação profissional, componente curricular indispensável ao perfil profissional crítico, e por constituir "uma atividade curricular obrigatória que

[239] ABEPSS, 2018.

[240] ABEPSS, 2018.

se configura a partir da inserção do aluno no espaço socioinstitucional, objetivando capacitá-lo para o exercício do trabalho profissional, o que pressupõe supervisão sistemática".[241]

Além do componente da formação das(os) estudantes, na experiência de estágio, há relatos e sistematizações que indicam que, do ponto de vista das(os) supervisoras(es) de campo, há uma constante apreensão de novas reflexões acerca do processo de formação no cotidiano de trabalho, ou seja, nos espaços sócio-ocupacionais. Por parte das(os) supervisoras(es) acadêmicas(os), promove-se a aproximação da realidade e das condições objetivas de trabalho das(os) assistentes sociais, podendo se repensar sua dinâmica e o Projeto Pedagógico do Curso.

Desse modo, novos elementos que advêm dos espaços ocupacionais e acadêmicos promovem uma dialética de confrontação e novos aprendizados que contribuem com o avanço do processo de formação profissional. Constata-se que ao socializar tais experiências, os fóruns têm contribuído para o fortalecimento da formação profissional em Serviço Social.

Especificamente no contexto paranaense, segundo Luza *et al.*[242], a primeira tentativa de constituição do Fórum Estadual de Supervisão no Paraná ocorreu em agosto de 2015 em Londrina (PR), na Oficina Descentralizada da ABEPSS Sul I, a qual discutiu temas envolvendo a graduação, a pós-graduação, a residência multiprofissional e o estágio supervisionado. Ressalta-se que no debate sobre o estágio supervisionado, com a representação de supervisoras(es) de campo, supervisoras(es) acadêmicas(os) e estagiárias(os), a constituição do Fórum foi colocada em pauta e discutida pelas(os) participantes.

Na ocasião, essa Oficina foi realizada como preparação para a Oficina Regional da ABEPSS Sul I, que ocorreu em setembro do mesmo ano, em Porto Alegre, com o objetivo de promover e aprofundar o debate sobre diversas temáticas referentes à formação em Serviço Social e ao exercício profissional, tendo como tema principal: "Os projetos de universidade na sociabilidade do capital e os rebatimentos na formação em Serviço Social". Um dos eixos de discussão da oficina foi o Fórum de Supervisão: orientação nacional e experiências locais e os desafios e perspectivas do estágio supervisionado em Serviço Social nos projetos de extensão universitária.

[241] ABEPSS. *Diretrizes Gerais para o curso de Serviço Social.* Brasília: Associação Brasileira de Ensino e Pesquisa em Serviço Social, 1996. p. 20.

[242] LUZA, Edinaura *et al.* Fórum de Supervisão de Estágio em Serviço Social do Paraná: rearticulação coletiva e defesa da formação e do Trabalho Profissional. *In:* Congresso Brasileiro de Assistentes Sociais, Brasília, 18, 2022, Brasília. *Anais eletrônicos [...].* Brasília: CFESS, 2023.

Em 2015, a realidade da formação profissional em Serviço Social no Paraná, no ensino de modalidade presencial, registrava 32 escolas. Destas, 26 estavam localizadas no interior do estado, cinco na capital e um no litoral[243]. Se comparado com os outros estados que compõem a Regional Sul I da ABEPSS, Santa Catarina e Rio Grande do Sul, o estado do Paraná era o que mais possuía cursos de graduação em Serviço Social na modalidade presencial em funcionamento na época.

Esse dado é relevante para justificar a dificuldade de mobilização das escolas para participação e envolvimento no Fórum Estadual de Supervisão após sua criação em 2015. As ações do Fórum se estenderam até 2016, por meio de contatos por e-mail com as coordenações e visitas em algumas escolas para falar sobre o papel do Fórum e a necessidade de ações conjuntas entre as UFAS. Mas foi uma articulação inviável naquele momento, porque se evidenciou que sem a criação e fortalecimento dos Fóruns Locais não seria possível forjar uma cultura profissional e acadêmica que demonstrasse a necessidade e as condições para dar movimento ao Fórum Estadual. As escolas, por meio das coordenações de estágio, realizavam encontros e outras atividades com os(as) supervisores(as) de campo, supervisores(as) acadêmicos(as) e estagiários(as), todavia, sem nomeá-las como Fórum e, até mesmo, sem integração e processualidade nas ações desenvolvidas[244].

A interiorização da formação dos(as) assistentes sociais no Paraná contribuiu para o diálogo entre as escolas localizadas nessa região, mas um debate limitado, embora profícuo. Naquele momento, também por limitações orçamentárias para subsidiar as ações desenvolvidas, não foi possível ampliar a articulação, dada a necessidade de locomoção da coordenação do Fórum e a quantidade de cursos em funcionamento no estado.

Frente ao contexto desafiador que tem perpassado a formação e o trabalho profissional em Serviço Social no Brasil, complexificado pelo advento da pandemia decorrente da Covid-19 (decretada em março de 2020), no dia 9 de julho de 2021, no âmbito das Rodas de Conversa sobre o Ensino Remoto Emergencial e o Estágio Supervisionado e a Supervisão Direta de Estágio em Serviço Social no estado do Paraná, promovidas pelas entidades organizativas da profissão – Conselho Regional de Serviço Social do Paraná (CRESS/PR), Associação Brasileira de Ensino e Pesquisa em Serviço Social (ABEPSS) Região Sul I e a Executiva Nacional de Estudantes

---

[243] PORTES, 2016.

[244] LUZA, Edinaura *et al.*, 2022.

de Serviço Social (ENESSO) – ocorreu a reativação e nova composição do Fórum Estadual de Supervisão de Estágio em Serviço Social do Paraná, sob coordenação colegiada. Na atividade proposta para a rearticulação do Fórum Estadual, estiveram representadas 17 Unidades de Formação Acadêmicas (UFAs), abrangendo um total de 68 participantes entre coordenadoras(es) de curso, coordenadoras(es) de estágio, supervisoras(es) de campo, supervisoras(es) acadêmicas(os) e representantes das entidades da categoria e discentes/estagiárias(os).

A Coordenação Colegiada do Fórum se realiza por meio da participação de representantes das entidades representativas da profissão e de UFAs do Paraná e contempla a participação de assistentes sociais representantes da totalidade dos sujeitos que perpassam o processo de supervisão direta de estágio em Serviço Social, a saber: coordenadores(as) de curso, coordenadores(as) de estágio, supervisores(as) acadêmicos(as), supervisores(as) de campo e estudantes.

Defende-se que a relevância da organização dos fóruns de supervisão de estágio em Serviço Social, em diversas instâncias, está vinculada ao fortalecimento da concepção de estágio supervisionado na perspectiva das Diretrizes Curriculares e da Política Nacional de Estágio e no conjunto de articulações dos múltiplos e diferentes sujeitos que compõem o universo formação-trabalho profissional.

2 Principais objetivos, ações e estratégias do Fórum Estadual de Supervisão de Estágio em Serviço Social do Paraná (2020-2023)

No que concerne ao horizonte e aos objetivos mais amplos do Fórum Estadual de Supervisão de Estágio em Serviço Social do Paraná, urge destacar o fortalecimento da formação e do trabalho profissional e de sua indissociabilidade, a partir das construções coletivas da categoria e do Projeto Ético-Político da profissão, o que demanda aprofundada análise das particularidades do contexto em curso e sua incidência nas condições éticas e técnicas de trabalho dos(as) assistentes sociais, bem como na formação profissional e forma de oferta da disciplina de Estágio Supervisionado em Serviço Social[245].

Nesse sentido, a partir da rearticulação desse importante espaço político no cenário estadual, a Coordenação Colegiada do Fórum definiu

[245] LUZA, Edinaura *et al.*, 2022.

como objetivos específicos: 1) Incentivar a articulação e(ou) fortalecimento dos Fóruns Locais de Supervisão de Estágio em Serviço Social no Paraná, com ênfase na intencionalidade de levantamento e construção de estratégias frente às condições éticas e técnicas de trabalho, pertinentes aos campos de estágio; 2) Realizar monitoramento/levantamento sobre as condições de oferta da disciplina de Estágio Supervisionado pelas UFAs do Paraná, no contexto em curso; 3) Consolidar o Fórum Estadual de Supervisão de Estágio em Serviço Social do Paraná, enquanto estratégia para o fortalecimento da formação e do trabalho profissional; 4) Contribuir na articulação do Fórum de Supervisão de Estágio em Serviço Social da Região Sul. A partir do estabelecimento de tais objetivos, a Coordenação Colegiada do Fórum Estadual tem se reunido de forma sistemática e continuada, mediante agenda de reuniões estabelecida coletivamente.

Ademais, em 27 de setembro de 2021, a Coordenação Colegiada do Fórum Estadual remeteu aos/às coordenadores(as) de curso e de estágios em Serviço Social das UFAs do Paraná o Ofício Circular n.º 001/2021, tendo como assunto a "(Re) Articulação dos Fóruns Locais de Supervisão de Estágio em Serviço Social das UFAs do Paraná". O diálogo estabelecido, por meio desse documento, referiu-se mais enfaticamente ao objetivo do Fórum Estadual vinculado à articulação e/ou ao fortalecimento dos Fóruns Locais de Supervisão de Estágio em Serviço Social no Paraná. A organização de tais Fóruns Locais, conforme o documento Parâmetros para Organização dos Fóruns de Supervisão de Estágio em Serviço Social da ABEPSS[246], bem como de acordo com a Política Nacional de Estágios da ABEPSS[247], está diretamente vinculada aos cursos e às coordenações de estágio em Serviço Social das UFAs. Nesse sentido, a Coordenação Colegiada indicou e conclamou a reunião de esforços, por parte das UFAs, no sentido de viabilizar a articulação e(ou) fortalecimento dos Fóruns Locais, com ênfase no levantamento e construção de estratégias frente às condições éticas e técnicas de trabalho, pertinentes aos campos de estágio.

Em consonância aos Parâmetros para Organização dos Fóruns de Supervisão de Estágio em Serviço Social da ABEPSS sugeriu: a) Realização de reuniões e(ou) outras atividades, de forma sistemática e continuada, envolvendo todos os sujeitos que compõem o processo de supervisão direta de estágio em Serviço Social: coordenação de curso e de estágios, super-

[246] ABEPSS, 2018.
[247] ABEPSS, 2010.

visores(as) acadêmicos(as) e demais docentes, supervisores(as) de campo e estudantes, mediante pautas construídas coletivamente, tendo como base demandas vinculadas à realidade de cada segmento e do contexto nacional e regional nos quais estão inseridos(as). b) Estabelecimento de periodicidade mínima semestral para a realização de encontros, envolvendo os diversos sujeitos, pelo Fórum Local de cada UFA. c) Organização do Fórum Local como estratégia de planejamento, no que tange ao Estágio Supervisionado enquanto componente do processo de formação profissional, buscando avaliar ações pensadas e implementadas no semestre anterior e sistematizar dilemas, polêmicas, desafios e possibilidades, de forma coletiva, para encaminhamento e subsídio ao Fórum Estadual. d) Sistematização, pelas coordenações de estágio, dos caminhos percorridos pelo Fórum Local, para repasse às gestões seguintes, com vistas a garantir continuidade ao processo de debate e construção coletiva de estratégias pertinentes ao Estágio Supervisionado. e) Elaboração de uma agenda de trabalho/encaminhamentos, a partir dos desafios colocados à implementação do processo de supervisão direta de estágio em Serviço Social, para que o Fórum Local se constitua, efetivamente, enquanto espaço de luta e resistência; agenda essa que deve ser monitorada por comissões designadas. Ademais, a Coordenação Colegiada do Fórum Estadual de Supervisão de Estágio em Serviço Social do Paraná enfatizou às UFAs a importância da articulação de espaço coletivo, conforme supramencionado, pois considera que este possibilita conhecimento mais aprofundado acerca das condições éticas e técnicas de trabalho dos campos de estágio, especialmente no contexto de pandemia e pós-pandemia; permite a construção de um importante canal de comunicação entre supervisores(as) acadêmicos(as) e de campo e estudantes; subsidia a atuação de supervisores(as) acadêmicos(as), face às mediações necessárias frente a contradições, limites e possibilidades do trabalho do(a) assistente social; permite uma maior aproximação entre UFAs e campos de trabalho/estágio.

Importa registrar também que a Coordenação Colegiada do Fórum Estadual organizou e realizou na data de 21 de outubro de 2021 o I Encontro do Fórum Estadual de Supervisão de Estágio em Serviço Social do Paraná, de forma remota, contando com a seguinte pauta: 1) Orientações pedagógicas acerca da importância, papel e atribuições dos Fóruns Locais de Supervisão de Estágio em Serviço Social; 2) Socialização de experiências pelas UFAs.

Nessa mesma esteira, em 11 de março de 2022, o Fórum Estadual remeteu aos(às) coordenadores(as) de Curso e de Estágios em Serviço

Social das UFAs o Ofício Circular n.º 001/2022, contendo como assunto "Levantamento de informações junto às UFAs – Atividades coletivas vinculadas ao Estágio Supervisionado em Serviço Social". A Coordenação Colegiada do Fórum Estadual, tendo como base elementos e finalidades já detalhados no Ofício Circular n.º 001/2021, de 27 de setembro de 2021, almejou levantar dados acerca de atividades realizadas pelas UFAs do Paraná, relacionadas ao estágio supervisionado e à supervisão de estágio em Serviço Social, para além das atividades que compreendiam e compreendem, formalmente, a disciplina de Estágio. Da mesma forma, se tais atividades vinham/vêm sendo designadas como Fórum Local de Supervisão de Estágio em Serviço Social, dificuldades e potencialidades inerentes.

Também no primeiro semestre de 2022, a Coordenação Colegiada do Fórum Estadual de Supervisão de Estágio em Serviço Social do Paraná, a partir da identificação e aprofundamento do debate sobre dilemas, desafios e contradições que perpassam os campos de trabalho/estágio no contexto em curso, bem como sobre a importância do compromisso coletivo na defesa e contribuição com a formação de qualidade e balizada pelo Projeto Ético-político Profissional, retomou a campanha da ABEPSS de 2017: "Sou Assistente Social e Supervisiono Estágio: A supervisão qualifica a formação e o trabalho". Tal campanha objetivou "[...] destacar, junto à categoria profissional, a relevância político-pedagógica do estágio supervisionado no processo de formação e no exercício profissional em Serviço Social [...][248]", fazendo parte da estratégia de fortalecimento e valorização do processo de supervisão de estágio. Em disseminação de material via redes sociais e aplicativo WhatsApp, a categoria foi convidada a revisitar a campanha, relendo informativo e revendo vídeo pertinente.

Outrossim, importante destacar a organização e realização do II Encontro do Fórum Estadual de Supervisão de Estágio em Serviço Social do Paraná, na data de 26 de outubro de 2022, de forma remota, objetivando, especialmente, aprofundar o debate sobre desafios e estratégias diante do contexto de retomada, pelas UFAs, das atividades de estágio de forma presencial, após a adoção de medidas, das mais variadas, no âmbito do contexto pandêmico. No Encontro em questão, também ocorreu a apresentação dos dados do Mapeamento sobre os Fóruns Locais de Supervisão de Estágio no Paraná, sobre o qual nos debruçaremos a seguir.

[248] ABEPSS, 2017.

3 Mapeamento sobre os Fóruns Locais de Supervisão de Estágio em Serviço Social no estado do Paraná

Conforme apontado anteriormente, a PNE[249] indica os fóruns de supervisão como importantes e estratégicos mecanismos de fortalecimento do estágio supervisionado em Serviço Social e de aprimoramento do processo de formação profissional. A partir desse pressuposto e compreendendo seu papel político, o Fórum Estadual de Supervisão de Estágio em Serviço Social do Paraná, no ano de 2022, realizou mapeamento de atividades praticadas pelas Unidades de Formação Acadêmicas (UFAs) do Paraná, relacionadas ao estágio supervisionado e à supervisão de estágio em Serviço Social para além das atividades que compreendem, formalmente, a disciplina de Estágio, bem como se tais atividades são designadas como Fórum Local de Supervisão de Estágio em Serviço Social, e dificuldades e potencialidades inerentes.

A seguir apresentaremos alguns dados referentes ao mapeamento, considerando os limites e objetivo desta produção. Nesse sentido, importa destacar que ao apresentar os dados não pretendemos tratá-los de forma reducionista, mas situá-los como extratos da realidade que, sem dúvida, é mais complexa, cuja análise será realizada de forma mais ampla e aprofundada pela coordenação colegiada do Fórum Estadual com pretensa publicação teórica em periódico, para ampla socialização[250] das informações à categoria profissional e UFAs.

O mapeamento proposto pelo Fórum Estadual foi realizado entre os meses de março e agosto de 2022. Nesse período, 55[251] UFAs foram mapeadas com oferta de vagas em curso de graduação em Serviço Social no estado do Paraná; dessas, 17 responderam ao questionário encaminhado, quantitativo que corresponde ao percentual de 29% de UFAs que ofertam graduação em serviço social no estado. Das UFAs respondentes, 10 ofertam o curso na modalidade de ensino presencial e sete na modalidade de ensino a distância (EaD).

---

[249] ABEPSS, 2010.

[250] Destaca-se que os dados preliminares do mapeamento sobre os Fóruns Locais de Supervisão de Estágio em Serviço Social foram apresentados no II Encontro do Fórum de Supervisão de Estágio em Serviço Social do Paraná realizado de forma on-line no dia 26/10/2022.

[251] De acordo com levantamento realizado pelo Grupo de Trabalho (GT) Étnico-Racial da Comissão de Trabalho e Formação do CRESS/PR, no ano de 2022, havia 55 UFAs que ofertavam cursos de Serviço Social no estado do Paraná, sendo 10 públicas presenciais, 3 privadas presenciais e 42 na modalidade ensino a distância (EaD), que somam as UFAs que têm sede no estado e as UFAs que têm apenas polos no estado do Paraná e sede em outro estado.

Nas Diretrizes Curriculares da ABEPSS[252], o estágio supervisionado tem centralidade no processo formativo dos(as) assistentes sociais. A concepção de estágio presente no referido documento expressa um projeto de formação pautado na lógica da superação da fragmentação do processo ensino-aprendizagem, da indissociabilidade entre formação e exercício profissional, entre estágio e supervisão direta, "devendo ser articulado aos diversos componentes curriculares" e outras atividades ofertadas no processo de formação, sendo um importante elemento na "articulação entre formação-exercício profissional, universidade-sociedade, teoria-prática, não mais se restringindo ao mero 'ensino da prática', como era percebido nos currículos anteriores[253]". Na direção expressa pelas Diretrizes Curriculares (1996)[254], 84% das UFAs informaram realizar atividades relacionadas ao estágio supervisionado e à supervisão de estágio para além da disciplina de estágio, enquanto 16% não, ou seja, as atividades permanecem restritas à disciplina de estágio.

Quanto à periodicidade da realização das atividades sobre a temática de estágio supervisionado e da supervisão direta que ultrapassam a disciplina de estágio, em 25% das UFAS ocorre bimestralmente, em 56% das UFAs semestralmente, em 6% das UFAs anualmente e em 13% em outras periodicidades.

Já com relação aos sujeitos envolvidos e/ou partícipes das atividades, verifica-se que em 50% das UFAs são espaços que congregam os três sujeitos que compõem o estágio supervisionado (estagiário[a], supervisor[a] de campo e supervisor[a] acadêmico[a]); já nos demais 50% registram-se variações de sujeitos, conforme demonstra o gráfico a seguir.

---

252 ABEPSS, 1996.

253 SANTOS, Claudia Monica dos; GOMES, Daniela Cristina Silva; LOPES, Ludmila Pacheco. Supervisão de estágio em serviço social: desafios e estratégias para sua operacionalização. *In:* SANTOS, Claudia Mônica; LEWGOY, Alzira M. Baptista; ABREU, Maria Helena E. *A supervisão de Estágio em Serviço Social:* aprendizados, processos e desafios. Coletânea Nova de serviço Social. Rio de Janeiro: Lumen Juris, 2016. p. 218.

254 ABEPSS, 1996.

Gráfico 1 – Sujeitos envolvidos nas atividades realizadas pelas UFAs relacionadas ao estágio supervisionado e à supervisão direta, para além da disciplina de estágio

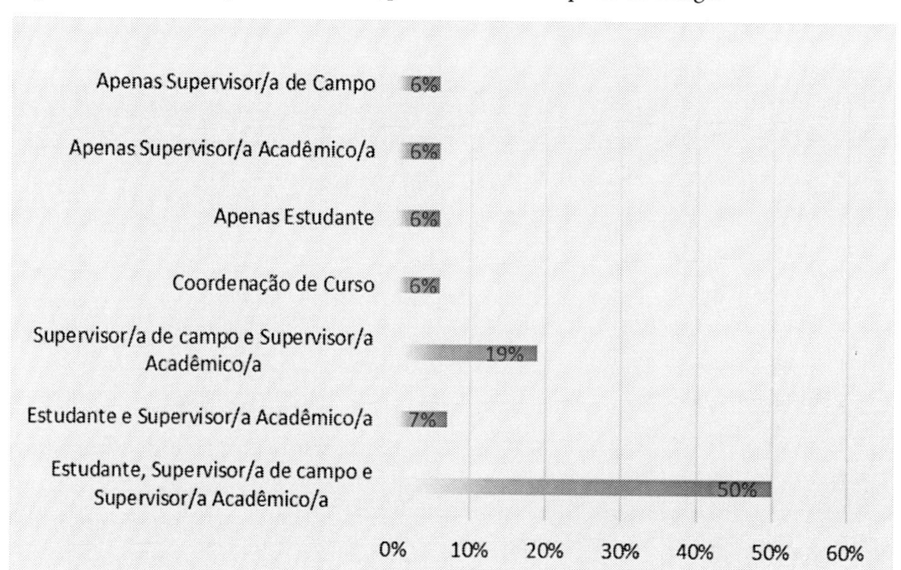

Fonte: mapeamento realizado com a contribuição direta das autoras (2022)

Os Fóruns de Supervisão são incorporados e legitimados pela PNE como uma estratégia para agregar estudantes, profissionais e docentes para discussão, reflexão e problematização do estágio, enquanto um meio para a "permanência do debate sobre a temática, bem como a garantia da construção de alternativas comuns a qualificação do estágio em Serviço Social[255]". Nesse sentido, é fundamental que as UFAs busquem estratégias para contemplar todos os sujeitos que compõem o estágio nas atividades ofertadas, que estimulem a relação entre a universidades e as instituições campos de estágio, as trocas entre supervisores(as) de campo, acadêmicos(as) e discentes, coordenadores(as) de curso.

Especificamente sobre as atividades que são efetivamente realizadas para além da disciplina de estágio supervisionado, as UFAs informam realizar reuniões, cursos, capacitações, palestras, fóruns de discussões, minicursos, seminários, debates acerca da temática do estágio, da supervisão direta e outros temas de interesse pertinentes ao trabalho do(a) assistente social; visitas ao campo de estágio; contatos telefônicos e por *WhatsApp* e *lives* para

[255] ABEPSS, 2010, p. 35.

socialização de experiências. Ainda, houve UFAs que informaram não ter realizado atividades no ano de 2021 devido ao período pandêmico. Observa-se que as atividades realizadas pelas UFAs aparecem no mapeamento como espaços ou ações de natureza formativa para os(as) supervisores(as) e discentes, de fomento à interação entre os sujeitos, como estratégia de "realização e qualificação do estágio supervisionado e para fortalecer o próprio exercício profissional, trazendo à pauta as principais demandas e temáticas que envolvem a profissão em seu cotidiano"[256].

As UFAs foram questionadas se as atividades supra descritas são denominadas como Fórum Local de Supervisão de Estágio em Serviço Social, sendo registrado que em 42% das UFAs não são denominadas de Fórum Local, em 26% parte das atividades são denominadas como Fórum Local e em 32% das UFAs são formalmente denominadas de Fórum Local de Supervisão de Estágio em Serviço Social. Das UFAs que informam denominar as atividades como Fórum Local de Supervisão, o período de implantação do Fórum Local se deu entre os anos de 2017 a 2021, contudo houve cinco UFAs que não souberam informar precisamente a data de implantação.

A criação e a operacionalização do Fórum Local de Supervisão envolvem limites e possibilidades, dentre os quais as UFAS destacaram as dificuldades postas pela precarização do trabalho dos(as) docentes e dos(as) assistentes sociais supervisores(as) de campo, aspectos que interferem na adesão e efetiva participação dos sujeitos nas atividades propostas, na abertura e manutenção dos campos de estágios; a condições objetivas de vida dos sujeitos envolvidos; o estabelecimento de uma agenda comum que favoreça a participação. Também sinalizam as potencialidades das atividades relacionadas à possibilidade de articulação entre os sujeitos do estágio supervisionado; da conformação de um espaço de aprofundamento de discussão sobre desafios, limites e possibilidades da supervisão direta de estágio em Serviço Social e de questões mais amplas que envolvem a formação e o trabalho profissional; a adesão dos(as) discentes; e o estabelecimento de um compromisso institucional do colegiado dos cursos de Serviço Social na implementação dos Fórum Local.

Nessa perspectiva, a partir dos dados apresentados, compreendemos a necessidade de ampliação e fortalecimento dos Fóruns Locais de Supervisão

[256] FERREIRA, Ana Maria; CASTRO, Marina Monteiro de Castro e. Fóruns de supervisão: fortalecimento da articulação entre universidade e campo de estágio. *In:* SANTOS, Claudia Mônica; LEWGOY, Alzira M. Baptista; ABREU, Maria Helena E. *A supervisão de Estágio em Serviço Social:* aprendizados, processos e desafios. Coletânea Nova de Serviço Social. Rio de Janeiro: Lumen Juris, 2016. p. 179.

de Estágio em Serviço Social no Paraná, responsabilidade essa que deve ser compartilhada entre as UFAs, os sujeitos que participam do estágio e também as entidades representativas da categoria profissional, no sentido de fomentar estratégias para a qualificação do estágio supervisionado de qualidade em Serviço Social. Assim, reafirma-se o Fórum Local de Supervisão, enquanto espaço de articulação político-pedagógica que contribui para o aprimoramento da formação profissional aliançada aos valores do projeto ético-político profissional.

5 Considerações finais

O estágio supervisionado se constitui como importante momento da formação profissional em Serviço Social para a análise crítica, para o desenvolvimento da capacidade interventiva, propositiva e investigativa de acadêmicas(os) estagiárias(os) a fim de que possam apreender os elementos concretos da realidade social, e, após a graduação, como profissionais, possam intervir nas expressões da "questão social", aprofundadas e agudizadas pela lógica da sociabilidade do capital[257]. O que demanda captar a profissão no tempo presente, na dinâmica das contraditórias relações sociais capitalistas, no sentido de assegurar uma intervenção crítica vinculada à realidade, articulando organicamente a formação e o trabalho profissional, e, com eles, o estágio e a supervisão em Serviço Social.

Para tanto, a categoria profissional, organizada politicamente em suas entidades representativas – CFESS/CRESS, ABEPSS e ENESSO –, vem construindo historicamente estratégias coletivas, protagonizadas pelos sujeitos no compromisso por uma educação pública, gratuita, laica, de qualidade e socialmente referenciada, contrapondo-se ao desmonte da educação pública como direito social. Dentre estas, encontram-se as estratégias de operacionalização da Política Nacional de Estágio, a partir da constituição de instrumentos político-pedagógicos, como os fóruns de supervisão de estágio.

Nesse sentido, a constituição dos Fóruns de Supervisão de Estágio em Serviço Social está inscrita na Política Nacional de Estágio – PNE/ABEPSS[258] –, como um instrumento formativo dialético, na medida em que agrega em seu âmbito sínteses analíticas que articulam a realidade da formação profissional em pleno contexto de mercantilização e precarização

[257] ABEPSS, 2010.

[258] ABEPSS, 2010.

da educação pública de ensino superior no Brasil, e do trabalho profissional em diversos espaços sócio-ocupacionais, sob diferentes condições e relações objetivas de trabalho. Agrega em sua formação: estagiárias(os), docentes/supervisoras(es) e assistentes sociais/supervisoras(es) de campo, constituindo a tríade de sujeitos imprescindíveis na realização do estágio supervisionado.

Em resposta a essas determinações, no estado do Paraná, a partir das entidades organizativas da profissão: CFESS, ABEPSS e ENESSO, as UFAs e a tríade de sujeitos envolvidos no estágio e supervisão, desde 2015, têm investido na constituição do Fórum Estadual de Supervisão de Estágio, culminando no seu fortalecimento em 2021, quando o contexto pandêmico impõe inúmeros desafios à formação profissional para a realização do estágio e da supervisão direta de estágio, em virtude da suspensão das atividades presenciais, devido às medidas de isolamento e distanciamento social.

Esse Fórum, no intuito de enfrentar a fragmentação entre trabalho e formação profissional, acentuada pelo contexto pandêmico, bem como manter o debate acerca do estágio supervisionado e da supervisão de estágio numa perspectiva crítica, propõe-se a construir respostas e reflexões pertinentes ao estágio para que ele não fosse desenvolvido de forma precária ou enviesada, ante as diretrizes curriculares para os Cursos de Serviço Social.

Por meio de Coordenação Colegiada, no sentido de fortalecimento da PNE[259], o Fórum definiu seus objetivos e as atividades a serem devolvidas, buscando explicitar a realidade das UFAS do estado do Paraná na realização do estágio supervisionado e, assim, incentivar e fortalecer os Fóruns Locais de Supervisão de Estágio; consolidar o Fórum Estadual de Supervisão de Estágio, bem como sua articulação com o Fórum de Supervisão de Estágio em Serviço Social da Região Sul, tendo como centralidade a construção de estratégias para o fortalecimento da formação e do trabalho profissional.

Mediante encontros e reuniões sistemáticas, essa Coordenação Colegiada definiu e encaminhou diversas ações junto às UFAs, as quais, articuladas com docentes, estagiárias(os), supervisoras(es) de campo e acadêmicas(os), e Coordenações de Estágio, foram colocadas em permanente debate sob rodas de conversas e encontros, resultando na realização de dois encontros de amplitude estadual, para o debate acerca da realização do estágio: abertura e permanência de campos de estágio, atividades presenciais e remotas, teletrabalho e o processo de supervisão direta.

---

[259] ABEPSS, 2010.

Os desafios postos nesses encontros mobilizaram a Coordenação Colegiada a realizar junto às UFAs o mapeamento sobre os Fóruns Locais de Supervisão de Estágio em Serviço Social no estado Paraná, cujo resultado obtido emergiu de uma enfática participação de cursos de graduação em Serviço Social na modalidade presencial e de um percentual de UFAs com ensino na modalidade a distância (EaD). Embora nem sempre denominadas como Fórum Local de Supervisão de Estágio, as UFAS registraram a realização de atividades voltadas ao estágio e à supervisão de estágio, por meio de encontros sistemáticos entre os sujeitos envolvidos no processo de estágio. Destaca-se como limite ao pleno desenvolvimento da supervisão direta, conforme preconiza a PNE, a precarização das condições e relações objetivas de trabalho de profissionais assistentes sociais, tanto no espaço sócio-ocupacional da UFA como nos campos de estágio.

Essas questões fizeram com que a Coordenação Colegiada do Fórum Estadual de Supervisão de Estágio do Paraná identificasse a necessidade de ampliação e fortalecimento dos Fóruns Locais de Supervisão de Estágio para a consolidação mesmo do Fórum Estadual de Supervisão de Estágio.

Em síntese, ressaltamos a importância dos Fóruns de Supervisão de Estágio como espaço coletivo que articula e fortalece o Projeto Ético-Político Profissional do Serviço Social, na medida em que oferta à tríade de sujeitos significativos no desenvolvimento processos de educação permanente em Serviço Social, estabelecendo uma formação profissional teoricamente sustentada, tecnicamente qualificada e eticamente amparada.

REFERÊNCIAS

ASSOCIAÇÃO BRASILEIRA DE ENSINO E PESQUISA EM SERVIÇO SOCIAL (ABEPSS). Parâmetros para organização dos fóruns de supervisão de estágio em serviço social. *Temporalis*, Brasília, v. 18, n. 36, 2018.

ASSOCIAÇÃO BRASILEIRA DE ENSINO E PESQUISA EM SERVIÇO SOCIAL (ABEPSS). *Política Nacional de Estágio (PNE).* Brasília: ABEPSS, 2010.

ASSOCIAÇÃO BRASILEIRA DE ENSINO E PESQUISA EM SERVIÇO SOCIAL (ABEPSS). *Diretrizes Gerais para o curso de Serviço Social.* Brasília: Associação Brasileira de Ensino e Pesquisa em Serviço Social, 1996.

FERREIRA, Ana Maria; CASTRO, Marina Monteiro de Castro e. Fóruns de supervisão: fortalecimento da articulação entre universidade e campo de estágio. *In:*

SANTOS, Claudia Mônica; LEWGOY, Alzira M. Baptista; ABREU, Maria Helena E. *A supervisão de Estágio em Serviço Social:* aprendizados, processos e desafios. Coletânea Nova de Serviço Social. Rio de Janeiro: Lumen Juris, 2016. p. 173-189.

LEWGOY, Alzira Maria Baptista. *Supervisão de estágio em Serviço Social:* desafios para a formação e exercício profissional. São Paulo: Cortez, 2011.

LUZA, Edinaura; BRAGA, Andrea Luiza Curralinho Braga, VIANA, Bruna Viviani, COELHO; Kathiuscia Aparecida Freitas Pereira, PORTES, Melissa Ferreira; SECON, Mileni Alves, SIQUEIRA, Rosângela Bujokas, GODOI, Sueli, Vitória De Lara Miranda. Fórum de Supervisão de Estágio em Serviço Social do Paraná: rearticulação coletiva e defesa da formação e do Trabalho Profissional. *In:* Congresso Brasileiro de Assistentes Sociais, Brasília, 18, 2022, Brasília. *Anais eletrônicos [...].* Brasília: CFESS, 2023.

SANTOS, Claudia Monica dos; GOMES, Daniela Cristina Silva; LOPES, Ludmila Pacheco. Supervisão de estágio em serviço social: desafios e estratégias para sua operacionalização. *In:* SANTOS, Claudia Mônica; LEWGOY, Alzira M. Baptista; ABREU, Maria Helena E. *A supervisão de Estágio em Serviço Social:* aprendizados, processos e desafios. Coletânea Nova de serviço Social. Rio de Janeiro: Lumen Juris, 2016. p. 173-189.

CAPÍTULO 9

OS DESAFIOS IMPOSTOS AOS PROGRAMAS DE PÓS-GRADUAÇÃO EM SERVIÇO SOCIAL NO ESTADO DO PARANÁ

Olegna de Souza Guedes
Sandra Lourenço de Andrade Fortuna
Esdras Tavares de Oliveira
Cláudia Neves da Silva

INTRODUÇÃO

Mais que um período pandêmico, assistimos sob a epidemia de Sars-Cov-2 às evidências de um Estado de Exceção que, em substituição ao ideário de paz forjada pela igualdade formal que sustenta a defesa do direito, escancara a criminalização dos pobres, o desmonte dos direitos humanos e sociais, e o recrudescimento da contradição de classes fundante do modo de produção capitalista. Sistemas de proteção social são substituídos pela culpabilização dos considerados descartáveis para o capital: os que não participam da riqueza socialmente produzida do país; sobretudo, os mais pobres.

No Brasil, país signatário da carta magna denominada como "Declaração Universal dos Direitos Humanos", nesse período pandêmico, observa-se, concomitantemente a inseguranças e instabilidades econômicas e políticas próprias das situações emergenciais, o crescimento de manifestações políticas contra os desmontes de direitos assegurados constitucionalmente e que revelam o necessário espraiamento desse compromisso político com a carta da qual é signatário. Nesse cenário estão situados os desmontes na política de educação e, dentre esses, os que atingem diretamente a pesquisa, a ciência e os Programas de Pós-Graduação (PPGs).

Um outro aspecto fundamental da realidade sócio-histórica que é necessário para analisar esses desmontes é uma das faces perversas do estranhamento: a ideologia conservadora. Sob a idealização de modelos de coesão social, tal ideologia associou a tríade fundamental para a defesa do ideário liberal – liberdade, propriedade, trabalho – ao fundamentalismo religioso que reatualiza a defesa da família como aporte para uma moralidade rígida; reafirmou a apologia à desigualdade natural que sustenta uma hierarquia associada à moldagem salvífica; assim como apoiou a política autocrática que se instala nacionalmente. A defesa do aparato militar, como força política para impor interesses dos grupos que detêm o poder econômico, associa-se a um messianismo que, ao mesmo tempo em que espalha o descrédito sobre o conhecimento científico, assola direitos conquistados pelos movimentos sociais brasileiros, povos originários, populações ribeirinhas e moradores de comunidades dos grandes centros urbanos que partilham de uma mesma condição de vida: o não acesso à distribuição da riqueza produzida nesse país.

Trata-se de uma realidade que se erige sob a negação da ciência, associada à negação de direitos e às possibilidades de construção de valores libertários. A educação, esvaziada do sentido crítico que se caracteriza como um dos pilares necessários à historicidade humana, tende a se reduzir a um ensino aligeirado capaz de oxigenar o mercado e as possibilidades mercantis. O desfinanciamento das universidades públicas e a precarização do trabalho docente, presentes no estado do Paraná, estão consubstanciados na Lei n.º 20933[260], que "Dispõe sobre os parâmetros de financiamento das Universidades Públicas Estaduais do Paraná, estabelece critérios para a eficiência da gestão universitária e dá outros provimentos". Também conhecida como a Lei Geral das Universidades (LGU), diz respeito a uma legislação amplamente rejeitada pelas Instituições Estaduais de Ensino Superior (IES) que, entre outros aspectos, fere a autonomia universitária e atribui ao governo estadual a gerência sobre as universidades no que se refere ao quadro pessoal, docentes e técnicos, com a aplicação de uma "metodologia de cálculos de aluno equivalente".

É nesse contexto que os programas de pós-graduação do Paraná e, especialmente, os de Serviço Social são desafiados a consolidar três grandes eixos de ação. Um eixo primeiro é a formação de recursos humanos para atuar nas universidades como docentes incumbidos na consolidação da graduação em Serviço Social, assim como profissionais de excelência no gerenciamento e consolidação de ações postas pelas políticas sociais. Um segundo é a construção de pesquisas que venham a reverberar no aprimoramento profissional das/dos assistentes sociais, em consonância com os

[260] PARANÁ. Lei Ordinária n.º 20933, de 17 de dezembro de 2021. Imprensa Oficial do Estado do Paraná.

princípios éticos do Serviço Social, contribuindo para a otimização dos processos de gestão das políticas sociais e, ainda, que possam ser pilares para a construção de ações de impacto social e político na perspectiva da defesa de direitos. Um terceiro, associado a ambos os primeiros, é a construção de ações de impacto social e inovação que possam se reverter na qualidade de vida, ainda que nos limites da sociabilidade burguesa.

Diante dessa realidade, realizou-se esta pesquisa exploratória com ênfase qualitativa. Trata-se de um estudo de caso que, a partir do método materialista histórico-dialético, tem por objeto a caracterização dos programas de pós-graduação em Serviço Social localizados no estado do Paraná. A partir da pesquisa bibliográfica e documental foram apresentados os cursos *stricto sensu* da Universidade Estadual de Londrina (UEL) e da Universidade Estadual do Oeste do Paraná (UNIOESTE), tendo como mote os desafios atuais impostos à pós-graduação.

1 As particularidades da área de Serviço Social

Sob o cenário de reavivamento das expressões do conservadorismo no Brasil, assistimos a sérios ataques aos PPGs das áreas de ciências humanas, sociais aplicadas, artes, comunicação e linguística. Tais ataques, atrelados a uma visível lógica de desfinanciamento das pesquisas e da pós-graduação pelas agências de fomento, evidenciam os avanços do projeto neoliberal na política de educação superior, principalmente nos cursos das chamadas "*soft sciences*". Entre as ações mais dramáticas podemos sublinhar: o deslocamento dos recursos públicos para o setor privado; a tendência à precarização e à fusão dos mestrados e doutorados das universidades públicas (que correspondem atualmente a 85% dos programas existentes); e a abertura dos programas *stricto sensu* na modalidade do Ensino a Distância (EaD), em consonância com aquilo que o diretor de avaliação da Coordenação de Aperfeiçoamento de Pessoal de Nível Superior (CAPES), no ano de 2020, em uma de suas exposições denominou de "economia do conhecimento".

Afinada ao pensamento conservador, a lógica que preside a gestão dos parcos recursos das agências de fomento à pesquisa no Brasil, no governo do Jair Bolsonaro, prioriza as "*hard sciences*", com destaque para as ciências exatas e técnicas. Ou seja, busca associar a produção de conhecimento à tecnologia, em detrimento à necessária vinculação às necessidades humano-sociais. Com efeito, reafirma-se a interpretação da ciência como técnica, como positividade, desvinculada da práxis humana e a essa perspectiva se associa a ênfase no ideário marcado por projeção salvífica em que a prioridade das ciências tecnológicas se alia à apologia ao sagrado. Observa-se por parte do Estado, principalmente dos órgãos atrelados ao executivo federal, a preterição no financiamento das pesquisas ligadas aos direitos humanos, aos desmontes das políticas de proteção social, assim como as investigações relacionadas à exploração/dominação de classe associada a raça, etnia e relações entre os sexos.

Diante dessa conjuntura econômico-política, nos últimos quatro anos (2019-2022), a pós-graduação *stricto sensu* tem recebido propostas de redimensionamento no que tange à avaliação dos programas. Entre as mudanças sugeridas nos itens avaliativos, destaca-se o incremento de quesitos técnicos que não contemplam as particularidades das áreas do "Colégio de Humanidades", no qual se situa o Serviço Social. Além das alterações referentes à dinâmica da avaliação, temos também a publicação da Portaria n.º 1.122[261], do Ministério da Ciência, Tecnologia, Inovações e Comunicações (MCTIC), que excluía as ciências básicas e as humanidades do horizonte prioritário de financiamento público para alocação de recursos do Conselho Nacional de Desenvolvimento Científico e Tecnológico (CNPq) e da Financiadora de Estudos e Projetos (FINEP), entre 2020 e 2023. Essa normativa voltava-se apenas para cinco áreas tecnológicas consideradas de alta relevância, a saber: estratégicas; habilitadoras; produção, desenvolvimento sustentável e qualidade de vida, sob a justificativa de que visam "[...] contribuir para a alavancagem em setores com maiores potencialidades para a aceleração do desenvolvimento econômico e social do país"[262].

Ao contrário da ênfase dada pelo MCTIC para os projetos de pesquisa das áreas de tecnologias, argumentando em favor da eficiência dos recursos orçamentárias, os estudos críticos sobre a atual conjuntura brasileira denotam a importância da produção de conhecimento livre e autônoma, sustentada por um aparato ético-político na direção da defesa da vida e dos direitos humanos. Partindo em defesa do campo das humanidades, a comunidade acadêmico-científica se mobilizou contrária à Portaria n.º 1.122, inclusive a área de Serviço Social[263], o que levou a agência de fomento a retificá-la por

---

[261] BRASIL. Ministério da Ciência e Tecnologia, Inovações e Comunicações. *Gabinete do Ministro*. Portaria n.º 1.122, de 19 de março de 2020.

[262] BRASIL. Ministério da Ciência e Tecnologia, Inovações e Comunicações. *Gabinete do Ministro*. Portaria n.º 1.122, de 19 de março de 2020a. Disponível em: https://pedbrasil. org.br/mctic-define -prioridades-para-o-periodo-de-2020-a -2023. Acesso em: 29 nov. 2022.

[263] Sobre o posicionamento da área de Serviço Social, consultar a nota produzida pela ABEPSS (2020).

meio de outro dispositivo, a Portaria n.º 1.329[264]. Nessa segunda normativa, afirma-se que também seriam

> [...] considerados prioritários, diante de sua característica essencial e transversal, os projetos de pesquisa básica, humanidades e ciências sociais que contribuam para o desenvolvimento das áreas definidas nos incisos I a V do caput

Atrelado aos golpes desferidos contra os cursos das humanidades, tivemos também a pré-chamada do PIBIC-CNPq, número 25/2020, que excluía as ciências humanas e sociais do financiamento para as pesquisas de iniciação científica. Com efeito, esse conjunto de normativas se dá no cenário de profunda escassez de fomento às investigações na área e a restrição de quantidade de bolsas concedidas aos programas de pós-graduação. Salientamos, ainda, que a lógica de priorização dos mestrados e doutorados com notas máximas na avaliação da CAPES, desconsiderando as diversidades e assimetrias regionais em nosso país, contribui para a priorização de determinados programas *stricto sensu*, aprofundando as desigualdades existentes na pós-graduação brasileira.

Em relação aos PPGs do estado do Paraná na área de Serviço Social, destaca-se o protagonismo no fortalecimento da luta pela necessária vinculação das pesquisas, da formação acadêmico-profissional, e das ações junto à comunidade no enfrentamento aos desmontes dos direitos sociais, em estreita vinculação com os movimentos políticos locais e nacionais. Tanto o Programa de Pós-Graduação em Serviço Social e Política Social da Universidade Estadual de Londrina (UEL) quanto o Programa de Pós-Graduação em Serviço Social da Universidade Estadual do Oeste do Paraná (UNIOESTE) enfrentaram a pandemia de Covid-19 com três grandes eixos de ação: 1.º) proteção das condições de saúde física e mental dos docentes e discentes; 2.º) resistência política aos cortes orçamentários para a pesquisa em conjunto com as entidades da categoria, destacadamente a Associação Brasileira de Ensino e Pesquisa em Serviço Social (ABEPSS) e o Conselho Federal de Serviço Social (CFESS); 3.º) a defesa da produção do conhecimento, sobretudo nas áreas das ciências sociais aplicadas e humanas, buscando reforçar a articulação da categoria com outras entidades acadêmico-científicas, na luta pela sobrevivência das condições de pesquisa e ensino, em conformidade com a organização político-administrativa da CAPES no colégio de humanidades[265].

---

[264] BRASIL. Ministério da Ciência e Tecnologia, Inovações e Comunicações. *Gabinete do Ministro*. Portaria n.º 1.329, de 27 de março de 2020.

[265] O Colégio de Humanidades é composto pelas áreas de Ciências Humanas (Antropologia/Arqueologia, Ciência Política e Relações Internacionais, Ciências da Religião e Teologia, Educação, Filosofia, Geografia, História,

Tendo em vista que existem apenas os programas da UEL e da Unioeste em Serviço Social ao longo de todo o território paranaense, devemos sublinhar a sua relevância para a formação em nível de mestrado e doutorado na área, cujos dados a seguir apresentados terão por base as informações disponibilizadas pela Plataforma Sucupira[266]. Além da qualificação de recursos humanos para a docência, a pesquisa e a gestão de políticas sociais, não só assistentes sociais, mas também profissionais das áreas afins (cientistas sociais, advogados, economistas, entre outros), do Paraná e de estados circunvizinhos, buscam a inserção nesses cursos *stricto sensu* para dar continuidade aos seus processos formativos.

O Programa de Pós-Graduação em Serviço Social e Política Social (PPGSER) da UEL teve início no ano de 2001, com a oferta de vagas exclusivamente para o curso de mestrado. Ao final de 2010 foi aprovada pela CAPES a implementação do curso de doutorado, cuja primeira turma teve início no mês de agosto de 2011. Esse programa é referência no Paraná e região, porque além de ser o único a ofertar doutorado em Serviço Social no estado, possibilita a formação altamente qualificada de docentes e pesquisadores para as universidades e faculdades que disponibilizam o curso de graduação em Serviço Social.

Por sua vez, o Programa de Pós-Graduação em Serviço Social (PPGSS) da UNIOESTE, *campus* de Toledo, teve início em abril de 2013 e conta com o curso de mestrado. Também elegendo como foco a formação de quadros para o magistério superior e para a pesquisa, destaca-se por sua presença na região transfronteiriça internacional com o Paraguai e a Argentina.

O PPGSER UEL, em 2021, contava com 12 docentes e tinha seu quadro discente, em sua grande maioria, composto por assistentes sociais procedentes da região sul do país e da região oeste de São Paulo, revelando sua importância para a qualificação docente e para a inserção de profissionais no mercado de trabalho. Também integravam o corpo discente, pesquisadores das áreas de Ciências Sociais, Direito, Psicologia, Administração, Contabilidade e Economia. Cabe destacar a entrada de estudantes estrangeiros por meio do Programa PAEC, revelando a sua crescente abrangência em nível internacional, especialmente na América Latina.

Psicologia, Sociologia), Ciências Sociais Aplicadas (Administração Pública e de Empresas, Ciências Contábeis e Turismo, Arquitetura, Urbanismo e Design, Comunicação e Informação, Direito, Economia, Planejamento Urbano e Regional/Demografia, Serviço Social), e Linguística, Letras e Artes (Artes, Linguística e Literatura).

[266] CAPES. Plataforma Sucupira. *Relatório de Dados Enviados do Coleta* – Serviço Social e Política Social (UEL). Brasília, 2021; CAPES. Plataforma Sucupira. *Relatório de Dados Enviados do Coleta* – Serviço Social (Unioeste). Brasília, 2021.

Ainda de acordo com informações de 2021, o PPGSS UNIOESTE possuía 16 professores, dos quais 11 eram assistentes sociais e os demais graduados em diferentes áreas do conhecimento. O corpo discente do programa, em sua maioria, também era composto por assistentes sociais, sendo ao longo de sua trajetória responsável pela formação de profissionais de outras áreas como Direito, Filosofia e Psicologia.

Em relação ao PPGSER UEL, de acordo com o já citado Relatório Capes, faz-se importante destacar o potencial para intercâmbios nacionais e internacionais, cujo marco é a realização de quatro edições do Congresso Internacional de Política Social e Serviço Social. No que se refere ao corpo docente do programa, todos ministram aulas no curso de graduação em Serviço Social que funciona no período matutino e noturno. Além de coordenarem projetos de pesquisa, os professores possuem projetos de iniciação científica e orientam, de forma equânime, dissertações e teses. Para a orientação de tese de doutorado, o docente deve ter concluído, pelo menos, duas orientações de mestrado. Dos 12 docentes do programa, cinco estão diretamente envolvidos em atividades administrativas e de gestão na universidade. Não obstante, há uma série de ações que garantem o desenvolvimento de atividades de ensino, pesquisa e extensão.

Por sua vez, conforme a plataforma Sucupira já mencionada, os docentes do PPGSS UNIOESTE também lecionam na graduação e realizam investigações na condição de líder ou membro de algum grupo de pesquisa cadastrado no CNPq. Por meio da Semana Acadêmica em Serviço Social, os pós-graduandos têm a oportunidade de publicar trabalhos relacionados às suas temáticas de investigação. No que tange à extensão, os programas e projetos existentes, entre 2017 e 2020, foram os seguintes: Programa de Apoio às Políticas Sociais (PAPS); Programa Nacional de Capacitação do Sistema Único de Assistência Social (SUAS); Programa Patronato de Toledo; Projeto Cores da Resistência; Ação Socioambiental e Formação em Educação Ambiental da Sala de Estudos e Informações em Políticas Ambientais e Sustentabilidade; Projeto de Apoio à Política de Proteção da Criança e Adolescente (PAPPCA); Ações Socioambientais em Defesa dos Direitos dos Povos Indígenas: Comunidade Indígena de Tekoha Yhovy e Escola Mbyja Porã.

O PPGSER UEL tem como área de concentração "Política Social" e duas linhas de pesquisa, a saber: "Serviço Social e Trabalho" e "Gestão de Políticas Sociais". A linha de "Serviço Social e Trabalho" conta com os seguintes grupos de pesquisa: Ética e Direitos Humanos: princípios norteadores para o exercício profissional do assistente social; Produção do Conhecimento e Pesquisa Social; Serviço Social: fundamentos e trabalho do assistente social nas políticas públicas e sociais; e História, Sociedade e Religião. A linha de "Gestão de Políticas Sociais" tem os grupos: Gestão de Política Social; Direito à Moradia: aplicabilidade e efetividade dos instrumentos jurídicos na região metropolitana de Londrina/PR; Educação Superior para Povos Indígenas no Brasil e na América Latina; Serviço Social e Saúde, Formação e Exercício Profissional; Serviço Social e Sistema Sociojurídico; Aquilombando a Universidade: estudos sobre racismo, direitos humanos e resistências; e Gênero, Família, Políticas Públicas.

O PPGSS UNIOESTE, após as considerações presentes no relatório de avaliação da Capes, no quadriênio 2013-2016, alterou a sua área de concentração e linhas de pesquisa. A área de concentração em "Serviço Social, Política Social e Direitos Humanos" e as linhas de pesquisa "Fundamentos do Serviço Social e do Trabalho do(a) Assistente Social" e "Políticas Sociais, Desenvolvimento e Direitos Humanos", tiveram até 2018 um quantitativo total de 38 dissertações defendidas. Dessas produções, 63% estavam atreladas à linha de "Políticas Sociais, Desenvolvimento e Direitos Humanos", e 37% à linha de "Fundamentos do Serviço Social e do Trabalho do(a) Assistente Social". Em decorrência da parca produção de pesquisas explicitamente voltadas para a temática dos Direitos Humanos, em dezembro de 2018, a área de concentração foi reorganizada para "Serviço Social, Política Social e Trabalho Profissional", e as duas linhas de pesquisa existentes passaram a ser denominadas como "Fundamentos do Serviço Social e o Trabalho Profissional" e "Política Social – Fundamentos, Gestão e Análise". Até 2020 foram defendidas no programa um total de 51 dissertações.

No que se refere às pesquisas desenvolvidas no PPGSER UEL, entre 2012 e 2020, identificou-se a defesa de 106 produções, entre dissertações e teses. Constata-se a consolidação de investigações que atendem as demandas da região, por meio de estudos voltados para as políticas sociais e as diversas refrações da "questão social" (como a ausência e retração de direitos das crianças e adolescentes, indígenas, mulheres, imigrantes, entre outros); assim como estudos voltados para os fundamentos, formação e trabalho profissional em Serviço Social.

Tendo em vista o estabelecimento do planejamento estratégico para o conjunto dos programas de pós-graduação brasileiros, em consonância com as demandas da avaliação da Capes, o PPGSS UNIOESTE, em 2020, encontrava-se em fase de organização. Além de estabelecer uma comissão de trabalho com membros internos, também previa a inserção de membros externos a fim de dinamizar a capilaridade das ações de planejamento e avaliação do programa.

No âmbito do PPGSER UEL, em 2020, de acordo com a CAPES[267], o planejamento estratégico também previa um conjunto de ações:

> Dentre elas, a capacitação do corpo docente e representação estudantil com vistas às matrizes do planejamento estratégico, além da construção de um processo permanente de acompanhamento e análise dos elementos centrais para o Programa, a partir dos indicadores estabelecidos pela Área e pela Universidade Estadual de Londrina. Todavia, não foi possível efetivar esse processo conforme previsto, especialmente pelas inúmeras demandas surgidas em função da Pandemia, dentre elas a reorganização de todas as atividades de ensino e pesquisa em modelo remoto.

O planejamento estratégico do PPGSER foi retomado em 2021 e oficinas baseadas no Método de Planejamento de Projeto Orientado foram desenvolvidas com a participação de docentes e discentes. A partir delas foi estabelecido um marco lógico de ações, estratégicas e indicadores de resultados a serem empregados no desenvolvimento no quadriênio 2021-2024.

Conforme relatório da Plataforma Sucupira anteriormente referenciado, dos 106 discentes que concluíram seus cursos no PPGSER, entre 2012 e 2020, 74 eram egressos do mestrado e 32 de doutorado. Desse total, a maioria era composto por mulheres (79%), em detrimento dos homens (21%). Em relação a raça/etnia, pode-se observar a presença de apenas 11% de egressos negros, tanto no mestrado como no doutorado, o que denuncia, por um lado, a maioria populacional de pessoas brancas na região e, por outro, a ausência de uma política de ações afirmativas capaz de promover a inserção de estudantes pretos, pardos e indígenas. Essa situação começou a ser modificada com a criação de um grupo de trabalho para a implementação de cotas no programa, sendo reservadas vagas para esse segmento a partir do edital do processo seletivo de 2021.

No PPGSS UNIOESTE, conforme relatório CAPES[268] já citado, até o final de 2020, dos 52 estudantes que passaram pelo programa, 51 mestres e pós-doutora, a maioria também era composta por mulheres (88%), seguida por homens (12%). Entre estes, 48 egressos tinham algum vínculo formal de trabalho.

[267] CAPES. Plataforma Sucupira. *Relatório de Dados Enviados do Coleta* – Serviço Social e Política Social (UEL). Brasília, 2021a. p. 11.

[268] CAPES, Plataforma Sucupira. *Relatório de Dados Enviados do Coleta* – Serviço Social (Unioeste). Brasília, 2021. p. 9.

> No que se refere às áreas de atuação, 7 (sete) atuam na política de saúde, sendo 4 (quatro) em âmbito municipal e 3 (três) em estadual; 16 (dezesseis) atuam na política de assistência social, 14 (quatorze) em âmbito municipal e 1 (uma) em âmbito estadual; 5 (cinco) atuam no campo sociojurídico sendo 1 (uma) autônoma e 4 (quatro) no âmbito estadual; 1 (uma) atuando na política de previdência social e 18 (dezoito) na política de educação. Destaca-se que entre estes que atuam na política de educação, 11 (onze) atuam no Programa de Assistência Estudantil de Universidades e Instituto Federais, 5 (cinco) são docentes, sendo 3(três) em instituições privadas, 1 (uma) em instituição de natureza pública estadual e 1 (uma) em instituição de natureza federal e 1 (uma) na política de educação em âmbito municipal. Entre os profissionais com duplo vínculo, a área da educação possui mais 3(três) egressas(os) atuando, sendo 1(uma) em instituição pública federal e 2 (duas) em instituição de natureza privada. Das(os) egressas(os), 7 (sete) atuaram no quadriênio como professores do ensino superior em Cursos de Serviço Social e 2 (duas) em curso de Direito na região oeste e sudoeste do Paraná.

No que se refere ao PPGSER[269], a maioria dos egressos do mestrado e do doutorado atuava em instituições públicas, no campo da implementação e gestão das políticas sociais. Particularmente, ainda tendo como referência o ano de 2020, chama a atenção o percurso profissional dos titulados em nível de doutorado:

> Destacamos que, dentre os egressos do doutorado, 83% são docentes e dentre esses, 50% estão inseridos no quadro docente permanente de Universidades Públicas do Estado do Paraná (sete são docentes desta Universidade, sendo seis do quadro de docentes permanente do Curso de Graduação em Serviço Social e um do quadro de docentes permanentes do Curso de Graduação em Ciências Sociais da Universidade); 03 da Universidade Estadual do Paraná, sendo 02 do curso de Serviço Social e um 01 do curso de Economia da mesma universidade; 01 é docente do Curso de Serviço Social da Universidade do Oeste do Paraná; 01 é docente da Universidade Estadual de Ponta Grossa). Os demais têm os seguintes vínculos: 01 é docente pesquisador em estágio pós-doutoral na UERN (Universidade do Rio Grande do Norte); 01 é docente do quadro permanente da UNIPAMPA; 04 são docentes colaboradores na UEL e na UNESPAR.

[269] CAPES. Plataforma Sucupira. *Relatório de Dados Enviados do Coleta* – Serviço Social e Política Social (UEL). Brasília, 2021. p. 25.

A inserção massiva de doutores titulados pelo programa em instituições universitárias denuncia, no âmbito do currículo, a necessidade de inclusão de disciplinas voltadas para a formação de professores. Apesar da existência do "Estágio Docência" como optativa na matriz curricular, sendo aos bolsistas das agências de fomento requisitada a matrícula nesse componente, disciplinas voltadas à didática no ensino superior ainda não figuram como obrigatórias ou optativas.

Em termos de produção acadêmica, os discentes e egressos do PPGSER haviam publicado livros, capítulos de livros, artigos em periódicos e trabalhos em anais de eventos nacionais e internacionais. De maneira semelhante, no PPGSS o corpo discente também apresentou esse tipo de produção, com destaque para os artigos publicados em anais de eventos.

2 A lógica mercantilista e produtivista instaurada na pós-graduação

Entendemos ser necessário retomar alguns elementos que consubstanciam a realidade dos programas de pós-graduação no tempo presente. A primeira delas, com base no pensamento de Mészaros[270], trata-se das estratégias de controle sociometabólico do capital, às quais vinculam-se novas dimensões estruturais de gestão sobre os processos de trabalho, entre outros aspectos, por meio da divisão sociotécnica do trabalho e sua necessária articulação com a sustentação ideológica e neoconservadora que devem ser "[...] fundidas de modo que possam caracterizar a condição [...] de hierarquia e subordinação como inalterável ditame da 'própria natureza'". Essa articulação entre o controle sociometabólico do capital e o aparato ideopolítico conservador e, no caso do Brasil, reacionário, intensifica e adensa as formas de controle, de exploração/opressão e precarização do trabalho, das contrarreformas e de desmonte dos direitos sociais e civis que colocam em xeque a democracia no Brasil. Especialmente após o golpe de 2016, esse ideário se impõe como um dever ser, absolutamente inquestionável; naturalizado. Para tanto, de acordo com Fortuna e Guedes[271], a socialização de valores conservadores, autoritários e preconceituosos torna-se central.

Com efeito, ainda de acordo com essas autoras, o acirramento do desmonte do campo de direitos no Brasil, e não somente na esfera do desfinanciamento, da precarização do trabalho, mas também pelas tendências

[270] MÉSZAROS, I. *Para além do capital:* rumo a uma teoria da transição. São Paulo: Boitempo, 2011. p. 99.

[271] FORTUNA, S.L. A.; GUEDES, O. S. A produção do conhecimento e o projeto ético-político do Serviço Social. *Revista Katálysis,* Florianópolis, v. 23, n. 1, 2020.

de desqualificação do conhecimento e da ciência que se fortaleceram e se tornaram ainda mais visíveis, ao se depararem com um campo profícuo particularmente a partir do processo eleitoral durante o ano de 2018, apresenta as suas inflexões no campo da pós-graduação.

Cabe destaque para a sustentação do ideário privatista e mercantilista que atribui à educação brasileira, particularmente no ensino superior, o caráter de negócio e não como direito, inclusive com apoio governamental. Fenômeno esse não exclusivo do Brasil, pois atinge tantos outros países submetidos aos projetos de educação ditados não só pelo Banco Mundial, mas também por outras agências internacionais como o Fundo Monetário Internacional (FMI), a Organização para a Cooperação e Desenvolvimento Econômico (OCDE), cujo escopo é a privatização e a formação de profissionais que atendam exclusivamente às requisições postas pelo mercado.

Fortuna e Guedes, supracitadas, reiteram que é a partir dessa lógica que são ditadas as normas para os programas de pós-graduação brasileiros, reconhecidos espaços acadêmicos de produção do conhecimento e pesquisa social. A título de exemplo podemos sublinhar o denominado produtivismo acadêmico, caracterizado pela excessiva valorização da quantidade de produção acadêmico-científica requisitada dos docentes e pesquisadores da pós-graduação, em detrimento de sua qualidade. Por meio do estabelecimento de metas impostas pelas agências de fomento e controle dos programas de pós-graduação no Brasil, depara-se com um ranqueamento sustentado pelo sistema de avaliação da CAPES que traz implicações concretas de subsistência desses programas, cuja métrica impacta profundamente no campo da produção de pesquisas e do conhecimento.

No que se refere à avaliação da pós-graduação, a lógica de ranqueamento e concorrência incitados pela CAPES tem significado uma verdadeira corrida para o alcance das melhores notas. A pontuação que varia de um até sete, sendo um o conceito mais baixo e sete o mais elevado, serve como mecanismo de punição para aqueles programas que não alcançam o desempenho esperado, como os PPGs notas um e dois que podem ser fechados, e de premiação para aqueles que têm melhor desempenho, como os PPGs notas seis e sete que recebem um quantitativo maior de bolsas de pesquisa. Não obstante, conforme Oliveira e Guedes[272], nos últimos

[272] OLIVEIRA, E. T., GUEDES, O. S. U-Multirank à brasileira: notas críticas acerca da avaliação multidimensional da Capes. *Revista Humanidades e Inovação*, Palmas, v. 9, n. 3, p. 192-205, fev. 2022.

anos, a CAPES tem mirado os *rankings* acadêmicos internacionais para a proposição de métricas e indicadores de mensuração que coadunam com os princípios neoliberais.

No evolver do sistema de avaliação da CAPES, foram estabelecidos critérios para a conclusão dos cursos de pós-graduação de forma aligeirada, haja visto que os mestrados até o final da década de 1990 tinham como prazo máximo 48 meses de conclusão, passando para 24 meses e os doutorados de 96 meses para 48 meses. Evidentemente, essa diminuição significativa do tempo para o desenvolvimento das pesquisas trouxe implicações diretas para a qualidade, não só das produções acadêmicas, mas também para a formação dos pesquisadores.

Outro aspecto que corrobora a lógica produtivista nos programas de pós-graduação é a estratificação das produções acadêmicas a partir de critérios de ranqueamento. Com base nessa lógica, que não tem uma relação direta com a qualidade das pesquisas, mas com a quantidade de publicações reconhecidas pelo Qualis Periódicos[273], são estabelecidas as melhores revistas para publicação a partir das áreas de conhecimento.

Verifica-se que esses critérios fomentam a quebra da possibilidade de trocas científicas por meio da participação em eventos acadêmicos, haja vista que há desvalorização, desestímulo e desfinanciamento nessa participação. Por outro lado, ocorre uma supervalorização na publicação em periódicos em larga escala para darem respostas concretas ao produtivismo. Evidentemente que a reflexão ora apresentada não se refere à disseminação das pesquisas por meio dos periódicos, mas a supervalorização e exigências quantitativas desse tipo de produção que pode levar à construção de pesquisas enquanto "fetiche-conhecimento-mercadoria", retirando-lhes o processo reflexivo de pesquisa, até porque esse processo de maturação demanda um tempo significativo que extrapola os indicadores dos programas *stricto sensu* e seu ranqueamento, conforme afirmam as autoras Fortuna e Guedes já mencionadas.

Por último, nota-se no âmbito da pós-graduação a paulatina incorporação dos princípios gerencialistas das empresas capitalistas. A tentativa de equalização do público ao privado, a partir de critérios de eficácia e eficiência organizacional, demonstra a preocupação em inserir os PPGS

[273] O Qualis Periódicos foi criado pela Capes para classificar as revistas das diversas áreas do conhecimento. Atualmente a estratificação adotada corresponde aos conceitos: A1, A2, A3, A4 (alto impacto), B1, B2, B3, B4 (médio impacto) e C (baixo impacto).

na dinâmica produtivista, inclusive gerando conhecimentos e tecnologias patenteáveis, a serem intercambiados no mercado. As consequências para as instituições públicas são nefastas, não só pelos ataques à sua legitimidade e autonomia, mas sobretudo pelo *ethos* neoliberal que de maneira rastejante captura a pesquisa e a formação no âmbito dos mestrados e doutorados.

Os cursos *stricto sensu* em Serviço Social no Paraná encontram-se desafiados pelo mercantilismo e produtivismo. Embora os direcionamentos impostos à pós-graduação sejam semelhantes nas diversas área de conhecimento, sendo demandadas dos programas adequações nas suas dinâmicas de funcionamento e de produção de conhecimento, os PPGs da UEL e da UNIOESTE endossam as resistências construídas pela área em nível regional e nacional. A defesa do Projeto Ético-Político Profissional; da formação gratuita e de qualidade; da pesquisa e produção de conhecimento contrárias a exploração/dominação de classe associada a raça, etnia e relações entre os sexos, é pautada pelo corpo docente e discente da área.

3 Considerações finais

Neste texto apresentou-se, por meio de um estudo de caso, os programas de pós-graduação em Serviço Social existentes no estado do Paraná. Existem apenas dois programas ao longo de todo território estadual, a saber: o Programa de Pós-Graduação em Serviço Social e Política da Social (PPGSER) da Universidade Estadual de Londrina (UEL), em nível de mestrado e doutorado, e o Programa de Pós-Graduação em Serviço Social (PPGSS) da Universidade Estadual do Oeste do Paraná (Unioeste), em nível de mestrado.

Um elemento central que permeou este estudo foi a conjuntura brasileira, cuja lógica neoliberal somada aos ataques promovidos contra o Estado em tempos de pandemia de Covid-19 trouxe impactos diretos sobre os programas de pós-graduação. Além dos desmontes no campo das políticas sociais, do avanço do conservadorismo, da propagação do anticientificismo e do obscurantismo no governo Bolsonaro, houve um incremento da lógica desumanizadora do capital que continua a se espraiar, especialmente por meio do ranqueamento dos cursos *stricto sensu*, sob a égide da máxima *publish or perish* (publique ou pereça).

A partir da análise dos relatórios CAPES, dos programas da UEL e da UNIOESTE, foi possível depreender que a pós-graduação na área de Serviço Social no estado do Paraná é de suma importância, particularmente na região sul do Brasil, para a formação de recursos humanos altamente qualificados e para a produção do conhecimento. Não só assistentes sociais, mas também profissionais de outros campos do saber – como advogados, economistas, psicólogos, cientistas sociais, filósofos, entre outros – procuram esses cursos por sua qualidade e capilaridade no território paranaense.

Verificou-se, ao final, que a atual lógica de avaliação impõe uma série de requisições para os programas *stricto sensu,* que pode inclusive contribuir para a produção de pesquisas enquanto "fetiche-conhecimento-mercadoria". A demanda incessante pela expansão da quantidade de publicações pode retirar dos docentes e discentes o processo reflexivo necessário para a pesquisa, haja vista que há um tempo necessário para maturação do conhecimento que extrapola os indicadores impostos pelas agências de fomento e os interesses burgueses que atravessam a pós-graduação brasileira.

REFERÊNCIAS

ABEPSS. Associação Brasileira de Ensino e Pesquisa em Serviço Social. *Pela imediata revogação da Portaria MCTIC n.º 1.122,* de 19.03.2020. Brasília, 2020. Disponível em: https://www.abepss.org.br/noticias/pela-imediata-revogacao-da-portaria-mctic-n-1122-de-19032020-365. Acesso em: 29 nov. 2022.

BRASIL. Ministério da Ciência e Tecnologia, Inovações e Comunicações. Gabinete do Ministro. *Portaria n.º 1.122,* de 19 de março de 2020a. Disponível em: https://pedbrasil. org.br/mctic-define -prioridades-para-o-periodo-de-2020-a -2023. Acesso em: 29 nov. 2022.

BRASIL. Ministério da Ciência e Tecnologia, Inovações e Comunicações. Gabinete do Ministro. *Portaria n.º 1.329,* de 27 de março de 2020b. Disponível em: https://www.in.gov.br/en/web/dou/-/portaria-n-1.329-de-27-de-marco-de-2020-250263672?fbclid=IwAR367xN1RqgSNyURxxhYu4Vyc9d42DfdWZTzXVJTvmjlJ3YwR7oYAZF5DWc:. Acesso em: 29 nov. 2022.

BURKE, E. *Reflexões sobre a Revolução na França.* Rio de Janeiro: Topbooks Editora e Distribuidora de Livros, 2012.

CAPES. Plataforma Sucupira. *Relatório de Dados Enviados do Coleta – Serviço Social e Política Social (UEL).* Brasília, 2021a.

CAPES. Plataforma Sucupira. *Relatório de Dados Enviados do Coleta* – Serviço Social (Unioeste). Brasília, 2021b.

FERNANDES, H. R. *Sintoma Social Dominante e Moralização Infantil.* São Paulo: Edusp-Escuta, 1994.

FORTUNA, S.L. A; GUEDES, O. S. A produção do conhecimento e o projeto ético-político do Serviço Social. *Revista Katálysis,* Florianópolis, v. 23, n. 1, p. 25-33, jan./abr. 2020. Disponível em: https://periodicos.ufsc.br /index.php/katalysis/ article/ view/1982 -02592020 v23 n1p25/42508. Acesso em: 29 nov. 2022.

GUEDES, O. S.; FORTUNA, S.L. A. Reflexões sobre ética e pesquisa em tempos de pandemia. *In:* JOAZEIRO, E. M. G. (org.). *Atenção à Saúde em tempo de Pandemia da Covid-19:* contextos nacionais e internacionais. Teresina: Edufpi, 2022.

IAMAMOTO, M. V. *Renovação e Conservadorismo no Serviço Social:* ensaios críticos. 4. ed. São Paulo: Cortez, 1997.

LUKÁCS, G. *Ontologia do Ser Social II.* São Paulo: Boitempo Editorial, 2013.

MÉSZAROS, I. *Para além do capital:* rumo a uma teoria da transição. São Paulo: Boitempo, 2011.

NISBET, A. R. Conservadorismo e Sociologia. *In:* MARTINS, José de Souza (org.). *Introdução Crítica à Sociologia Rural.* São Paulo: Editora Hucitec, 1981.

OLIVEIRA, E. T.; GUEDES, O. S. U-Multirank à brasileira: notas críticas acerca da avaliação multidimensional da Capes. *Revista Humanidades e Inovação*, Palmas, v. 9, n. 3, p. 192-205, fev. 2022. Disponível em: https:// revista.unitins.br /index.php/ humanidadeseinovacao/article/view/6589. Acesso em: 29 nov. 2022.

PARANÁ. *Lei Ordinária n.º 20933,* de 17 de dezembro de 2021. Imprensa Oficial do Estado do Paraná. Disponível em: https://www.legislacao.pr.gov.br/legislacao/ exibirAto.do?action=iniciarProcesso&codAto=258278&codItemAto=1626245#1626245. Acesso em: 29 nov. 2022.

SOBRE AS(OS) AUTORAS(ES)

Ana Luíza Tavares Bruinjé

Graduada em Serviço Social (UFPR) e mestranda em Serviço Social (PPGSS/UFJF). Experiência com atuação do Movimento Estudantil de Serviço Social (MESS) junto à Executiva Nacional de Estudantes de Serviço Social (ENESSO) e como representação discente de graduação da Região Sul 1 na Associação Brasileira de Ensino e Pesquisa em Serviço Social (ABEPSS). Atualmente em pesquisa sobre o pós-abolição, a gênese da "questão social" e as relações raciais no Brasil.

Orcid: 0000-0002-2122-165X

Andrea Pires Rocha

Docente do curso de Serviço Social (UEL) atuando na graduação e na pós-graduação. Doutora em Serviço Social (UNESP), mestre em Educação (UEM). Realizou pós-doutorado na ESS-UFRJ, que culminou na publicação do livro *O juvenicídio brasileiro: racismo, guerra às drogas e prisões* (EDUEL, 2020). Coordena o Projeto de Pesquisa "Sistemas de Proteção e garantia dos Direitos Humanos voltados à infância e juventude em Angola, Brasil, Moçambique e Portugal" e é líder do Grupo de Pesquisa do CNPQ "Aquilombando a Universidade: Estudos sobre Racismo, Direitos Humanos e Resistências", a partir dos quais tem colaborado na luta antirracista.

Orcid: 0000-0003-4158-754,1

Andrea Luiza Curralinho Braga

Docente do curso de Serviço Social (PUCPR), doutora e mestra em Políticas Públicas (UFPR). Atua na pós-graduação Gestão de Políticas, Projetos e Programas Sociais; Direitos Humanos e Políticas de Infâncias e Juventudes (PUCPR). Pesquisadora do Núcleo de Direitos Humanos (PUCPR). Pesquisadora Ninst/Observatório dos Conselhos (UFPR). Coordenadora do Grupo de Pesquisa Direito à cidade e Gestão Democrática (PUCPR). Representa o CRESS-PR na coordenação do Fórum Nacional em Defesa da Formação e Trabalho de Qualidade em Serviço Social. Atua no Fórum Paranaense de Supervisão de Estágio. Conselheira presidenta do CRESS-PR (Gestão 2020-2023).

Orcid: 0000-0002-0233-3496.

André Henrique Mello Correa

Graduado em Serviço Social (UEPG), mestrando em Serviço Social (PPGSS/UFRJ). Na graduação atuou no Movimento Estudantil de Serviço Social (MESS), junto ao Centro Acadêmico Professora Divánir Munhoz (CASSD) e na Executiva Nacional de Estudantes de Serviço Social (ENESSO). Integra o Núcleo de Estudos e Pesquisas Fundamentos do Serviço Social na Contemporaneidade (NEFSSC/UFRJ). Compôs o Colegiado do Núcleo descentralizado do Conselho Regional de Serviço Social do Paraná – NUCRESS – Ponta Grossa e Região (2021-2023) e atualmente é representante discente de pós-graduação pela Regional Leste da Gestão da ABEPSS (2023-2024) "Em Luta, seguimos atentas e fortes! Luciana Cantalice Presente!".

Orcid: 0000-0002-2614-2758

Bruna Viviani Viana

Assistente social. Graduada em Serviço Social pela Universidade Estadual de Londrina (UEL), mestre em Serviço Social e Política Social pela Universidade Estadual de Londrina (UEL). Agente fiscal do Conselho Regional de Serviço Social – 11.ª Região/Seccional de Londrina. Membro do Projeto de Pesquisa: Ética e Direitos Humanos: princípios norteadores para o exercício profissional do Serviço Social. Membro da Coordenação Colegiada do Fórum Estadual de Supervisão de Estágio em Serviço Social do Paraná.

Orcid: 0009-0008-6876-1777

Cláudia Neves da Silva

Possui graduação em Serviço Social (1986) e em Ciências Sociais (1991) pela Universidade Federal do Rio de Janeiro; mestrado (1999) e doutorado em História pela Universidade Estadual Paulista Júlio de Mesquita Filho (2008), pós-doutorado em Serviço Social pela Universidade Federal do Rio de Janeiro (2018). Atualmente, é professora associada no Departamento de Serviço Social da Universidade Estadual de Londrina e no Programa de Pós-Graduação em Serviço Social e Política Social. É líder do grupo de pesquisa "História, sociedade e religião", cadastrado no CNPq, e atua na linha de pesquisa "Serviço Social e Trabalho".

Orcid: 0000-0003-1337-4741

Cristiane Carla Konno

Graduada (1994) em Serviço Social, mestre (2003) e doutora (2020) em Serviço Social e Política Social pela Universidade Estadual de Londrina – UEL. Docente da graduação e pós-graduação em Serviço Social da Universidade Estadual do Oeste do Paraná – UNIOESTE/Campus de Toledo-Pr. Líder do Grupo de Pesquisa: Fundamentos do Serviço Social: trabalho e questão social; coordenadora do Programa de Extensão: Programa de Apoio às Políticas Sociais; tutora do Programa de Educação Tutorial (PET) Serviço Social: Meio Ambiente e o Uso Sustentável dos Recursos Naturais, vinculado ao Sisu/MEC, conselheira municipal e estadual de Assistência Social, Toledo/Paraná.

Orcid: 0009-0009-8213-9017

Denise Maria Fank de Almeida

Docente do Curso de graduação em Serviço Social e do Programa de Pós-Graduação Serviço Social e Política Social da Universidade Estadual de Londrina. Possui graduação, mestrado e doutorado em Serviço Social pela Universidade Estadual de Londrina. Coordenadora do Projeto de Pesquisa "Controle Social e Orçamento/Financiamento na Política de Assistência Social", e do projeto de extensão "Educação permanente para a gestão e controle social das políticas de proteção social". Coordenadora da Seccional de Londrina do CRESS 11.ª Região – PR – nas gestões Articulação – 2005-2008 – e na gestão Intervenção: ética e ação – 2011-2014. Coordenadora de graduação da Executiva Regional Sul I da ABEPSS – Associação Brasileira de Ensino e Pesquisa em Serviço Social – na Gestão Ousadia e sonhos em tempos de resistência – Gestão 2015-2016. Atual membro do Grupo Temático de Pesquisa de Política Social (comissão ampliada gestão 2019-2020 e 2021-2022 e atual 2023-2024) da ABEPSS.

Orcid: 0000-0003-0702-2088

Esdras Tavares de Oliveira

Docente do curso de Serviço Social da Universidade Estadual do Oeste do Paraná (UNIOESTE), campus de Francisco Beltrão. Doutorando em Serviço Social e Política Social pela Universidade Estadual de Londrina (UEL). Mestre em Serviço Social pela Universidade Federal de Pernambuco (UFPE). Graduado em Serviço Social pelo Centro Universitário UNA (UNA). Graduado em Ciências Sociais pela Pontifícia Universidade Católica de Minas Gerais (PUC-Minas). Participou como representante discente de pós-graduação da Diretoria Regional Sul I da Associação Brasileira de Ensino e Pesquisa em Serviço Social (ABEPSS) – gestão "Aqui se respira luta!" (2021/2022).

Orcid: 0000-0001-8216-3652

Esther Luzia de Souza Lemos

Assistente social, graduada em Serviço Social pela Faculdade de Ciências Humanas "Arnaldo Busato"/UNIOESTE (1992), mestre pelo Programa de Estudos Pós-Graduados em Serviço Social da PUCSP (1997), doutora pelo Programa de Pós-Graduação em Serviço Social da UFRJ (2009) e pós-doutora pelo Programa de Pós-Graduação em Política Social da UnB (2016). Professora associada na graduação e pós-graduação em Serviço Social da Universidade Estadual do Oeste do Paraná – UNIOESTE – *Campus* de Toledo. Coordenadora de Relações Internacionais da ABEPSS gestão "Seguimos atentas e fortes! Luciana Cantalice, Presente!" (2023-2024).

Orcid: 0000-0002-7154-1475

Edinaura Luza

Assistente social. Graduada em Serviço Social e especialista em Gestão Social de Políticas Públicas pela Universidade Comunitária da Região de Chapecó (UNOCHAPECÓ). Mestre e doutora em Serviço Social pela Universidade Federal de Santa Catarina (UFSC). Agente fiscal do CRESS/SC de 2010 a 2020. Docente e coordenadora do curso de Serviço Social da Universidade Estadual de Maringá – Campus Regional do Vale do Ivaí (UEM/CRV). Coordenadora do Fórum Estadual de Supervisão de Estágio em Serviço Social do Paraná. Coordenadora de graduação da Região Sul I da ABEPSS Gestão "Em luta, seguimos atentas e fortes! Luciana Cantalice presente!" (2023-2024).

Orcid: 0000-0001-5361-9104

José Lucas Januario de Menezes

Assistente social. Graduado em Serviço Social pela Pontifícia Universidade Católica do Paraná (PUCPR). Mestrando em Serviço Social e Política Social na Universidade Estadual de Londrina (PPGSER-UEL). Foi conselheiro do Conselho Regional de Serviço Social do Paraná – CRESS/PR (2020/2023). Atuou no Movimento Estudantil de Serviço Social desde o início da graduação, compondo gestões do Centro Acadêmico Odária Battini, como secretário de Escola, Coordenação Regional da Região VI e Comissão Gestora Nacional na Executiva Nacional de Estudantes de Serviço Social (ENESSO). Compõe a Comissão de Comunicação do CRESSPR.

Orcid: 0009-0008-6515-2757

Kathiuscia Aparecida Pereira Freitas Coelho

Assistente social. Doutora em Serviço Social e Política Social pela Universidade Estadual de Londrina (UEL). Docente do departamento de Serviço Social da Universidade Estadual de Londrina (UEL). Vice-presidenta da regional SUL I da ABEPSS na gestão "Aqui se respira luta" (2021/2022) e conselho fiscal da atual gestão da ABEPSS "Em luta, seguimos atentas e fortes! Luciana Cantalice presente!" (2023-2024). Membro da coordenação do GTP Fundamentos, Formação e Trabalho profissional da ABEPSS (2023/2024). Membro da coordenação colegiada do Fórum de Supervisão de Estágio do Estado do Paraná.

Orcid: 0000-0002-8137-5896

Luana Portela

Graduada em Serviço Social (UFPR) e residente técnica na Secretaria do Trabalho, Qualificação e Geração de Renda em Gestão Pública. Experiência com atuação do Movimento Estudantil de Serviço Social (MESS) junto à Executiva Nacional de Estudantes de Serviço Social (ENESSO) e como representação discente de graduação da Região Sul 1 na Associação Brasileira de Ensino e Pesquisa em Serviço Social (ABEPSS).

Orcid: 0000-0002-8137-5896

Layliene Kawane de Souza Dias

Graduada em Serviço Social (UFPR). Mestranda no Programa de Pós-Graduação em Serviço Social (PPGSS/UFJF). Com experiência no Movimento Estudantil de Serviço Social (MESS), durante a graduação atuou nas gestões do Centro Acadêmico de Serviço Social (CASS) UFPR (2018-2019, 2019-2021 e 2021-2022). Foi coordenadora regional da Executiva Nacional de Estudantes de Serviço Social (ENESSO) Região VI, gestão "Lutar para estudar, estudar para lutar!" (2019-2021). Atuou enquanto coordenadora nacional da ENESSO na Comissão Gestora "Pra que amanhã não seja só um ontem" (2021-2022). Atualmente, desenvolve pesquisa sobre diversidade sexual e de gênero na formação profissional em Serviço Social.

Orcid: 0000-0002-8216-066X

Marcelo Nascimento de Oliveira

Mestre em Serviço Social e Política Social pela UEL (2012) e, atualmente, doutorando pelo mesmo Programa. Conselheiro suplente do CRESS-PR na gestão 2020-2023. Foi coordenador da Seccional de Londrina, nas gestões: 2014-2017 e 2017-2020. Atualmente é 2.º Secretário da Gestão do CRESS-PR 2023-2026: "Ousadia de sonhar e resistir na construção do amanhã desejado". É membro da Coordenação Colegiada da CT de Saúde, compõe a Comissão Permanente de Comunicação do CRESS-PR e do Comitê Paranaense de Assistentes Sociais na Luta Antirracista. Ênfase na área de Saúde e defesa do SUS; Comunicação no Serviço Social; e Luta Antirracista.

Orcid: 0009-0004-7423-0674

Mileni Alves Secon

Graduada em Serviço Social pela Universidade Estadual de Londrina (UEL), doutora em Serviço Social e Política Social pela Universidade Estadual de Londrina (UEL). Assistente social da Secretaria Municipal de Assistência Social de Londrina e professora colaboradora do curso de Serviço Social da Universidade Estadual de Londrina.

Orcid: 0000-0003-4839-3133

Olegna de Souza Guedes

Doutora e mestre em Serviço Social pela Pontifícia Universidade Católica de São Paulo (2001). Graduada em Serviço Social pela PUC-SP e em Filosofia pela USP-SP. Professora de Serviço Social (UEL), nos cursos de graduação em Serviço Social, pós-graduação em Serviço Social e Política Social. Líder do Grupo: Ética e Direitos Humanos: princípios norteadores para o exercício profissional do Serviço Social. Foi coordenadora nacional de pós-graduação da Associação Brasileira de Ensino e Pesquisa em Serviço Social (ABEPSS), no biênio 2018-2019. Presidenta do CRESS/PR Gestão 2023-2026 "Unidade na resistência, ousadia na luta".

Orcid: 0000-0001-7559-7225

Rosangela Costa

Assistente social. Graduado em Serviço Social pela Universidade Estadual de Londrina (2009). Especialista em Serviço Social e Intervenção Profissional I – UNESPAR/Apucarana (2016); mestre pelo Programa de Pós-Graduação em Serviço Social e Política Social da Universidade Estadual de Londrina – UEL (2020). Conselheiro suplente do CRESS-PR na Gestão "Unidade na resistência, ousadia na luta" (2020-2022). Foi coordenadora da Seccional de Londrina, nas gestões: 2014-2017 e 2017-2020. Trabalhadora da Política de Assistência Social de entidade parceira. Compõe a atual Gestão "Ousadia de sonhar e resistir na construção do amanhã desejado" (2023-2026), atualmente coordenadora da Comissão de Orientação e Fiscalização do PR.

Orcid: 0009-0007-1743-3266

Sandra Lourenço de Andrade Fortuna

Doutora em Serviço Social pela Universidade Estadual Paulista Júlio de Mesquita Filho (2008). Mestre em Serviço Social pela Pontifícia Universidade Católica de São Paulo (2001). Professora associada da Universidade Estadual de Londrina. Coordenadora do Colegiado da Graduação em Serviço Social (2014-2016). Coordenadora do Programa Stricto Sensu em Serviço Social e Política Social (2020-2021). Editora – Serviço Social em Revista/UEL (2018-2020). Líder do Grupo: Pesquisa Social e Produção do Conhecimento – UEL. Membro voluntária da Diretoria Executiva Nacional da Associação Brasileira de Ensino e Pesquisa em Serviço Social – ABEPSS – e da Comissão Editorial *Revista Temporalis* (2019-2020).

Orcid: 0000-0002-3383-4461

Tatiane Martins

Assistente social. Graduada em Serviço Social pela Universidade Estadual do Oeste do Paraná – UNIOESTE (2003). Especialista em Trabalho do Assistente Social pela Universidade Estadual do Oeste do Paraná – UNIOESTE (2003). Especialista em Políticas Públicas e Planejamento Municipal pela Universidade Estadual do Oeste do Paraná – UNIOESTE (2005). Mestre pelo Programa de Pós-Graduação em Mestrado do Serviço Social pela Universidade Estadual do Oeste do Paraná – UNIOESTE (2022). Trabalhadora da Política da Previdência Social como analista do Seguro Social com formação em Serviço Social na Gerência Executiva do INSS em Cascavel/PR.

Orcid: 0000-0002-6736-4904

Vitória Cristine

Graduanda em Serviço Social na Universidade Federal do Paraná (UFPR). Atua no Movimento Estudantil de Serviço Social por meio do Centro Acadêmico de Serviço Social da UFPR e enquanto coordenadora regional da Executiva Nacional de Estudantes de Serviço Social (ENESSO) da Região VI, Gestão 2022-2023.

Orcid: 0009-0002-4169-9439